折射衍射微光学结构的单步光刻与湿法蚀刻原理与应用

张新宇 谢长生 著

国防工业出版社
·北京·

内 容 简 介

本书主要针对可见光、红外和太赫兹等谱域的折射与衍射微光学结构，开展新的设计、工艺制作和测试评估方法的研究。重点论述了以折射和衍射微光学积分变换为基础，有效出射可见光、红外及太赫兹多谱图像与波前的基础理论和基本方法，建立了基于衍射相位精细构建在设计、仿真、工艺、测试与评估等方面的数据和方法体系。

本书适合从事微纳制造、微纳光学光电器件、光学图像信息处理等领域的科研人员阅读，也可作为高等院校师生的教学参考用书。

图书在版编目（CIP）数据

折射衍射微光学结构的单步光刻与湿法蚀刻原理与应用 / 张新宇，谢长生著. —北京：国防工业出版社，2021.10

ISBN 978-7-118-12284-8

Ⅰ.①折… Ⅱ.①张… ②谢… Ⅲ.①刻蚀—研究 Ⅳ.①TN405.98

中国版本图书馆 CIP 数据核字（2021）第 202303 号

※

国防工业出版社出版发行
（北京市海淀区紫竹院南路 23 号　邮政编码 100048）
北京虎彩文化传播有限公司印刷
新华书店经售

＊

开本 710×1000　1/16　印张 13¾　字数 265 千字
2021 年 10 月第 1 版第 1 次印刷　印数 1—1000 册　定价 169.00 元

（本书如有印装错误，我社负责调换）

国防书店：（010）88540777　　　书店传真：（010）88540776
发行业务：（010）88540717　　　发行传真：（010）88540762

前　言

本书总结了作者及其研究团队过去10余年，针对可见光、红外以及太赫兹等谱域的折射和衍射微光学结构，开展新的设计和工艺制作方法方面的研究工作。重点论述了以折射和衍射微光学积分变换为基础的，能有效出射可见光、红外及太赫兹谱域的多谱光学强度图像与波前的基础理论和基本方法；建立了微光学图像和波前结构的设计、仿真、工艺、性能测试与评估等的有效手段和数据体系；获取了多项关键性的参数指标。通过对光学强度图像和波前在对比度、亮度、灰度、频谱和变动特征等方面的快速(实时)调控，实现了逼真出射层次丰富、细节清晰完整、图像参量易于控制、生成区域大、作用距离远、衍射效率和能量集中度较高的强度图像与波前。其主要研究工作如下：①建立了以折射和衍射微光学积分变换为基础，以微纳米特征尺寸微光学结构为执行结构的，能出射可见光、红外及太赫兹谱域的多谱图像与复杂波前的基础理论；②获得了微纳衍射相位结构的基本设计方法、制作工艺流程、关键参数以及图像出射效能的测试和评估方法；③在图像和波前仿真、光电对抗、与多种光学光电功能结构（包括CCD和CMOS光敏芯片）、与光电存储光学头匹配的折射和衍射物镜研制，以及太赫兹图形、图像和波前的生成与发射方面所获得的突破。

本书共8章：第1章综述了所采用的基础衍射积分变换理论；第2章讨论了基于单步光刻和KOH湿法刻蚀工艺制作衍射微光学结构的基本方法；第3章讨论了将单步光刻和KOH湿法刻蚀工艺用于发展微光学波前结构的基本问题；第4章详细讨论了将所发展的衍射微光学结构用于相干激光束的衍射整形与频谱空间分离等方面的基本问题；第5章主要讨论了衍射微光学结构的工艺制作、测试与性能评估问题；第6章讨论了将所发展的微光学结构的设计、制作、测试与评估方法，向太赫兹频域延伸所涉及的基本问题；第7章主要讨论了所发展的基本方法在特殊的红外和太赫兹波前结构应用方面的关键问题与特征；第8章主要开展了硅基非球面光学折射结构方面的基础问题研究。

本书所涉及的研究工作是在国家自然科学基金重点项目（编号：61432007）、国家自然科学基金面上项目（编号：60777003）、武汉光电国家实验室（筹）重点基金（编号：0101187006）等的资助和支持下完成的，在此一并表示衷心的感谢。

奉献该书于读者的目的是推动我国微纳光学器件技术及其应用的深入发展，满足从事相关学科研究和教学的专业技术人员、教师和研究生的需要，并可供相关领域的管理人员参考。

　　作者感谢在研究工作开展和本书文稿准备过程中诸多同事和研究生的贡献，包括：对有关问题的讨论、仿真与实验计划及实施等；实验工作的规划与开展；重要数据获取；软件编制；文档报告等材料的整理、补充、编辑和打印等。参与的研究生有陈胜斌、李记赛、郭攀、柳波、邹琦、刘剑锋、瞿勇、魏明月、李斌、王猛、吴立、刘侃等。

　　作者感谢相关审稿专家对书稿修改所提出的宝贵而中肯的意见和建议。

　　由于作者水平有限，书中疏漏与不足之处在所难免，恳请读者不吝赐教。

作者
2021 年 8 月

目 录

第1章 光波衍射积分变换的基础理论与基本方法 ··········· 1
1.1 光衍射图像生成 ··········· 1
1.2 衍射微光学结构 ··········· 4
1.3 设计实例 ··········· 10
1.4 小结 ··········· 14

第2章 衍射微光学图像生成与发射结构 ··········· 15
2.1 单步光刻与硅KOH湿法蚀刻 ··········· 15
2.2 可见光图像发射效能评估 ··········· 20
2.3 小结 ··········· 23

第3章 折射微光学波前出射结构 ··········· 24
3.1 问题与挑战 ··········· 24
3.2 折射微光学波前出射结构的工艺制作方法 ··········· 26
3.3 可见光谱域光学性能测试与评估 ··········· 30
3.4 小结 ··········· 32

第4章 相干光波的衍射整形与频谱空间分离 ··········· 33
4.1 基础理论与基本方法 ··········· 33
4.2 常规近场与远场衍射积分变换 ··········· 36
4.3 衍射结构设计算法 ··········· 38
4.4 基于远场衍射的频谱空间分离 ··········· 41
4.5 准连续相位分布的衍射微光学结构 ··········· 43
4.5.1 光程差算法 ··········· 44
4.5.2 GS算法 ··········· 46
4.5.3 模拟退火算法 ··········· 47
4.5.4 时域有限差分法 ··········· 49

  4.5.5 基于角谱的串行迭代算法 ································· 49
 4.6 衍射微光学结构设计 ··· 53
 4.7 毫米级近场的衍射积分变换 ································· 57
 4.8 小结 ··· 64

第5章 构建衍射微光学结构执行复杂光束变换 ················ 65
 5.1 衍射相位结构 ··· 65
 5.2 硅的各向异性KOH湿法蚀刻 ································ 66
 5.3 测试与分析 ··· 70
 5.4 具有准连续相位分布的衍射微光学波前结构 ················ 83
 5.5 衍射微光学远场光束整形 ··································· 86
  5.5.1 单步电子束曝光 ·· 86
  5.5.2 测试、分析与讨论 ······································ 91
 5.6 适用于毫米级近场光束整形的衍射微光学结构 ············· 98
  5.6.1 关键工艺流程 ·· 98
  5.6.2 特征属性表征与测试 ·································· 100
  5.6.3 常规光学性能测试与评估 ····························· 106
 5.7 小结 ·· 109

第6章 太赫兹图像的光衍射发射 ······························· 110
 6.1 太赫兹波衍射相位结构与光刻版图 ······················· 110
 6.2 硅基太赫兹波衍射相位结构湿法蚀刻 ····················· 115
 6.3 典型特征评估 ··· 118
 6.4 衍射相位结构设计与实现 ································· 123
  6.4.1 KOH湿法蚀刻 ·· 125
  6.4.2 测试、讨论与分析 ···································· 128
 6.5 小结 ·· 147

第7章 红外与太赫兹波衍射微光学波前结构 ··················· 148
 7.1 湍流波前仿真 ··· 148
 7.2 衍射微光学波前结构 ······································ 157
 7.3 红外与太赫兹波衍射波前结构 ···························· 160
 7.4 测评与分析 ··· 165
 7.5 小结 ·· 173

第8章 硅基非球面光学折射结构 ······ 174

8.1 硅微结构的各向异性湿法蚀刻成形 ······ 174
8.2 硅片 KOH 湿法蚀刻速率 ······ 176
8.3 微形貌结构建模 ······ 180
8.3.1 均匀开孔模型 ······ 180
8.3.2 面形误差与表面粗糙度 ······ 182
8.3.3 非均匀开孔模型 ······ 184
8.4 软件系统设计与实现 ······ 187
8.5 硅凹折射微透镜阵列 ······ 192
8.6 复杂波前的折射出射结构 ······ 203
8.7 小结 ······ 208

参考文献 ······ 209

第1章　光波衍射积分变换的基础理论与基本方法

在介质中传播的光波，受介质结构微纳电子学介电响应或共振性激励的再发光作用约束与影响，将改变在介质中的表观传播速度，使光波其波前移动或相位输运速度产生相应变化。因此，通过图案化排布具有特定面形、深度或厚度的微纳介质结构，在几乎不耗损光能的前提下，改变反射或透射光波其波前形貌，可使光能空间输运呈现特定分布形态。本章讨论和分析了针对形成图案化或图像化的远场光能投送形态，构建衍射微光学微纳相位结构的基本方法和算法特征，并给出设计实例。

1.1　光衍射图像生成

衍射是光与物质相互作用时表现出来的一种基本物性。在光学系统中传输的光波，参与了光学元件对其所进行的衍射调制变换。入射光波通过衍射微光学相位结构后的典型标量积分变换如图 1.1 所示。如果离开衍射微光学相位结构的光波被表示为

$$w(u,v) = w_0(u,v)\mathrm{e}^{\mathrm{j}g(u,v)} \tag{1.1}$$

式中：$w_0(u,v) = A_0(u,v)\mathrm{e}^{\mathrm{j}g_0(u,v)}$ 为入射光波；$\tau(u,v) = \mathrm{e}^{\mathrm{j}g(u,v)}$ 为衍射微光学结构的相位调制函数。则通过衍射积分变换在衍射像面处所生成的光波为

$$F(x,y) = \frac{\mathrm{j}k}{2\pi z}\mathrm{e}^{\mathrm{j}kz}\iint_{Q_0} w(u,v)H(u-x,v-y,z)\mathrm{d}u\mathrm{d}v \tag{1.2}$$

因所希望得到的衍射光场其光强分布为 $I_0(x,y) = |F(x,y)|^2$，如果首先任意设定一个形如 $w(u,v) = w_0(u,v)\mathrm{e}^{\mathrm{j}g(u,v)}$ 的光波，则由式（1.2）所得到的衍射像面或观察面处的光波，可改造成 $\bar{F}(x,y) = B_0(x,y)F(x,y)|F(x,y)|^{-1}$ 这一形式，其中，$B_0(x,y) = \sqrt{I_0(x,y)}$。进一步通过反演积分变换，即

$$W(u,v) = \frac{\mathrm{j}k}{2\pi z}\mathrm{e}^{-\mathrm{j}kz}\iint_{Q} \bar{F}(x,y)H^*(x-u,y-v,z)\mathrm{d}x\mathrm{d}y \tag{1.3}$$

可得到与 $\bar{F}(x,y) = B_0(x,y)F(x,y)|F(x,y)|^{-1}$ 对应的光波。将此光波进一步改造成
$\bar{W}(u,v) = \begin{cases} A_0(u,v)W(u,v)|W(u,v)|^{-1}, & (u,v) \in Q_0 \\ 0, & (u,v) \notin Q_0 \end{cases}$ 这一形式，并经过多次循环计算，

在 $\delta_F^2 = \dfrac{\iint\limits_{Q}[|F(x,y)| - B_0(x,y)]^2 \mathrm{d}x\mathrm{d}y}{\iint\limits_{Q} B_0^2(x,y) \mathrm{d}x\mathrm{d}y}$ 以及 $\delta_W^2 = \dfrac{\iint\limits_{Q_0}[|W(u,v)| - A_0(u,v)]^2 \mathrm{d}u\mathrm{d}v}{\iint\limits_{Q_0} A_0^2(u,v) \mathrm{d}u\mathrm{d}v}$ 这两

个参量小到一定程度后，由 $w(u,v) = w_0(u,v)\mathrm{e}^{\mathrm{i}g(u,v)}$ 关系就可以获得所需要的衍射微光学结构的相位数据体系及其空间排布形态，也就是衍射微光学结构的相位分布图案。

针对不同要求和使用目的，目前已经发展了多种衍射积分变换算法和相应软件。根据目标的图形图像特征，在获得衍射微光学相位结构后，在高斯光束照射下，所隐伏的目标图形图像信息被再现出来的典型衍射积分变换效果如图 1.1 中所示的"华中科技大学"校徽图案以及其中的"华"字阵列。分布在该图中央的低空间频率"华"字的清晰度，明显低于分布在周边的高空间频率"华"字。为了充分展现衍射效能，采取了以环境光衬托字形这一特殊的光场分布形态。

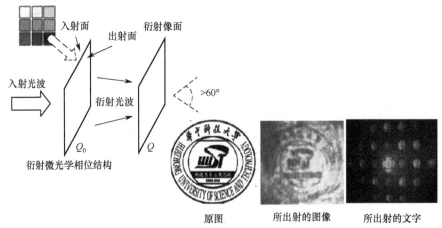

图 1.1　典型光衍射积分变换效果

（根据目标图形图像特征获得衍射微光学相位结构后，在高斯光束照射下，所隐伏的多谱目标图形图像可被再现出来，如"华中科技大学"校徽及其中的"华"字阵列）

衍射光场的复振幅分布，主要包括菲涅耳型以及夫琅和费型这两种典型形式。主要对应于衍射像面或观察面，距衍射微光学相位结构的距离不同时的光场形态。菲涅耳衍射图样的特点是：随着衍射距离的增大，像面处的光场函数会产生较大变化。当观察面距衍射微光学相位结构无限远时，菲涅耳衍射转化为夫琅和费衍

射。目前主流的衍射积分变换算法主要包括菲涅耳衍射积分算法和卷积算法。将式（1.2）展开后可得到菲涅耳积分，即

$$E(x,y) = \frac{e^{jkd}}{j\lambda d} e^{j\frac{k}{2d}(x^2+y^2)} \iint_S E(x_0,y_0) \exp\left\{\frac{j\pi}{d\lambda}(x_0^2+y_0^2)\right\} \exp(-2j\pi(xx_0+yy_0)) \, dx_0 dy_0$$

(1.4)

也就是说，菲涅耳衍射积分可以通过乘以一个因子 $\exp\left\{\frac{j\pi}{d\lambda}(x_0^2+y_0^2)\right\}$ 后，进行傅里叶变换获得。

对于卷积算法，频率域的菲涅耳衍射积分可表示为

$$E_d(f_x,f_y) = E_0(f_x,f_y)\exp(j\frac{2\pi d}{\lambda})\exp\left[-j\pi\lambda d(f_x^2+f_y^2)\right] \quad (1.5)$$

式中：$E_0(f_x,f_y) = \mathbb{F}\{E_0(x,y)\}$，$\mathbb{F}$ 为傅里叶变换；f_x 和 f_y 为频谱坐标。式（1.5）又可以写为

$$E_d(f_x,f_y) = E_0(f_x,f_y)H(f_x,f_y) \quad (1.6)$$

因此，可以用快速离散二维傅里叶变换来计算菲涅耳衍射积分。

对于给定的衍射微光学结构，通过计算其频谱函数，然后根据频域光学传递函数，计算传播到观察面上的频谱分布，得到观察面上的光强分布。由于夫朗和费衍射积分变换可被表示为

$$E_d(x,y) = \frac{e^{jkd}}{j\lambda d}\mathbb{F}\{E_0(x_0,y_0)\} \quad (1.7)$$

式（1.7）表明，衍射像面或观察面上的光场分布，正比于在布设衍射相位结构的孔径面上的透射光场其傅里叶变换。因此，只需对孔径做一次快速离散二维傅里叶变换，即可实现夫朗和费衍射。

用衍射微光学相位结构生成和发射图形图像，其实质就是通过给定一个输入波束（如高斯光束）以及所要求的输出图像样本，求解衍射微光学结构的相位数据体系及其空间排布形态的过程。如果 $f(x,y)$ 为入射高斯光束，则设计衍射微光学相位结构的关键环节是寻求最优的相位结构信息。通过衍射微光学相位结构的光场调制变换作用，将输出到衍射像面或观察面上的实振幅分布 $g(\xi,\eta)$，与所要求的特定实振幅 $g_{obj}(\xi,\eta)$ 之间的偏差缩减到最小。

可实现相位寻优的算法很多，如典型的 GS 算法、遗传算法、模拟退火算法以及这些算法的融合算法等。遗传算法和模拟退火算法属全局寻优算法，耗时且需要占用大量内存。当所涉及的问题是二维情形时，这一问题尤为突出。研究表明，GS 算法以及改进的迭代傅里叶算法，可以快速收敛得到优化的相位数据体系及其空间排布形态，更适合解决用于复杂图形图像生成的衍射微光学相位结构的设计问题。通过大量算法比较，在获取衍射微光学相位结构方面，本书选用 GS 算法开

展衍射微光学相位结构的设计工作，详情见下列内容。

GS 算法的典型迭代过程如图 1.2 所示。

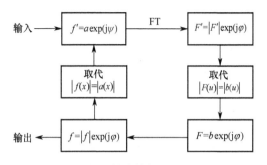

图 1.2 GS 算法的典型迭代过程

当高斯入射光束的振幅分布为 $A_0(u,v)$，在衍射像面上要求得到的光强分布为 $I_0(\xi,\eta)$ 时，计算过程如下。

（1）选择衍射微光学结构的初始相位分布 $\varphi_0(u,v)$，也就是预估值。

（2）用式（1.4）对函数 $A_0(u,v)\exp[j\varphi_0(u,v)]$ 进行衍射积分变换。

（3）在成像面或观察面上所得到的复振幅为 $F(\xi,\eta)$，其相位为 $F(\xi,\eta)/|F(\xi,\eta)|$。这里采用目标图形图像振幅分布替换上述复振幅，即

$$\overline{F}(\xi,\eta) = B_0(\xi,\eta)F(\xi,\eta)|F(\xi,\eta)|^{-1}$$

（4）对函数 $\overline{F}(\xi,\eta)$ 进行逆变换，即

$$W(u,v) = \frac{jk}{2\pi z}e^{-jkz}\int\!\!\int_{-\infty}^{\infty} F(\xi,\eta)H^*(\xi-u,\eta-v,z)\mathrm{d}\xi\mathrm{d}\eta$$

（5）在衍射微光学相位结构的光出射面上所应得到的复振幅 $W(u,v)$，按照下式加以变换，即 $\overline{W}(u,v) = \begin{cases} A_0(u,v)W(u,v)|W(u,v)|^{-1}, & (u,v) \in Q_0 \\ 0, & (u,v) \notin Q_0 \end{cases}$，其中，$Q_0$ 为衍射微光学相位结构的孔径区域或孔径函数。

（6）转到第（2）步。

（7）循环结束。

以上循环操作一直持续到所选用的误差函数足够小为止，最终得到衍射微光学相位结构的最佳相位数据体系和排布形态函数 $\varphi(u,v)$。在这一循环过程中，被选作为终止迭代操作的误差函数为衍射效率和均方差这两个参量。

1.2 衍射微光学结构

衍射微光学图形图像元件是基于光的衍射积分变换效应，生成和发射图形图

像信息的相位型结构。设计相位型衍射微光学图形图像元件的前提是对衍射图形图像的生成和发射现象有一个深刻的理解和认识。在设计衍射微光学图形图像元件的算法结构过程中，衍射积分变换的计算机模拟是一个关键性环节。在这一基础上，基于衍射积分变换的各种优化算法才得以实现。衍射微光学图形图像元件的设计算法，目前已形成了迭代寻优和组合寻优这两个主要类别。通过衍射微光学图形图像元件的设计算法所要解决的问题是：已知输入光波的复振幅分布，通过程度适当的衍射积分变换，求解衍射微光学图形图像元件的相位数据体系及其分布形态，使入射光场经过衍射微光学图形图像元件的光波调制变换，在衍射像面或观察面上形成所需要的光强分布形态，即建立图形图像目标。从算法角度讲，实际上是把设计者对物理系统的理解转化为一个等价的寻优问题和过程，也就是相位数据体系及其空间排布的快速寻找和优化恢复问题。

常用的相位恢复算法大体上可分为以下两类：①基于傅里叶变换或其他线性变换的迭代法；②进一步执行的优化法，包括全局优化和局部优化等。在近些年的文献中，还出现了一些混合或杂化算法并取得较好效果。这类特殊算法实际上是多个算法的组合或综合，并未脱离上述两类算法所界定的范围或区域。下面主要对在衍射微光学图形图像元件设计中常用的一些算法，如 GS 算法、遗传算法以及模拟退火算法等进行简要回顾和总结。

1. GS 算法

下面通过讨论分析设计一个纯相位型的衍射微光学图形图像元件所用到算法的典型特征，阐述 GS 算法的主要特征。主要做法：将沿光轴方向传播的单色光，通过衍射微光学图形图像元件后，被变换为所要求的光强分布形态或者图形图像。首先假定光是单色连续的，并能用一个复方程表述，它服从菲涅耳传播规律，同时不考虑光传播过程中的极化或偏振效应。所使用的算法是条件相关的，这是因为对每次迭代中所要求函数的新估计，不仅与所要求的光强分布相关，还要与所做的初始估计有关。这类算法的收敛性取决于对权重或归一化参数的选择。

在标量衍射理论中，如果在衍射微光学图形图像元件的光出射面上的复振幅为

$$W(u,v) = A(u,v)e^{j\varphi(u,v)} \qquad (1.8)$$

衍射像面或成像面上的复振幅为

$$F(\xi,\eta) = B(\xi,\eta)e^{j\varphi(\xi,\eta)} \qquad (1.9)$$

则所要求的成像面上的强度分布可采用菲涅耳衍射积分变换形成，即

$$F(\xi,\eta) = -\frac{j\boldsymbol{k}}{2\pi z}e^{jkz}\iint_{-\infty}^{\infty}W(u,v)H(u-\xi,v-\eta,z)\mathrm{d}u\mathrm{d}v \qquad (1.10)$$

式中

$$H(u-\xi, v-\eta, z) = \exp\left\{\frac{jk}{2z}[(u-\xi)^2 + (v-\eta)^2]\right\} \tag{1.11}$$

为自由空间脉冲响应函数的菲涅耳近似；z 为衍射微光学图形图像元件与衍射像面或者观测面间的距离；波矢 $k = 2\pi/\lambda$。

在式（1.11）中，衍射微光学图形图像元件上的复振幅为 $W(u,v)$（采用透明近似），在不考虑光线折射的前提下，等同于入射光波 $W_0(u,v)$ 通过衍射微光学图形图像元件后所得到的复振幅，即

$$W(u,v) = W_0(u,v)\tau(u,v) \tag{1.12}$$

因只考虑相位型结构，衍射微光学图形图像元件的调制函数被选择为

$$\tau(u,v) = e^{jg(u,v)} \tag{1.13}$$

式中：$g(u,v)$ 为所要求的衍射相位分布。相位函数 $g(u,v)$ 也可做进一步简化，以有效求解以下非线性积分方程，即

$$I_0(u,v) = |F(\xi,\eta)|^2 = \left|\iint_{-\infty}^{\infty} A_0(u,v)e^{j\varphi(u,v)}H(u-\xi, v-\eta, z)\mathrm{d}u\mathrm{d}v\right|^2 \tag{1.14}$$

式中：$I_0(u,v)$ 为在衍射像面或观察面上所期望得到的光强分布，即图形图像；$A_0(u,v)$ 为入射光波的复振幅分布。

对于 $\varphi(u,v) = g(u,v) + g_0(u,v)$ 这一形式，其中，$g_0(u,v)$ 为入射光束的相位分布，相位 $\varphi(u,x)$ 和 $g(u,v)$ 间的迭代计算，构成了解算式（1.14）的连续近似法。

GS 算法也称为误差递减算法，其流程的主要执行步骤如图 1.3 所示。

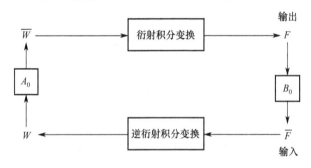

图 1.3　GS 算法流程的主要执行步骤

（1）选择初始相位 $\varphi_0(u,v)$（仅为估计值）。

（2）用式（1.14）对函数 $A_0(u,v)\exp[j\varphi_0(u,v)]$ 进行衍射积分变换。

（3）在成像面上得到复振幅 $F(\xi,\eta)$，并将其进一步用下式替换成 $\overline{F}(\xi,\eta)$，即

$$\overline{F}(\xi,\eta) = B_0(\xi,\eta)F(\xi,\eta)|F(\xi,\eta)|^{-1} \tag{1.15}$$

式中：$B_0(\xi,\eta) = \sqrt{I_0(\xi,\eta)}$。

（4）对函数 $\overline{F}(\xi,\eta)$ 执行如式（1.10）所示的逆变换，即

$$W(u,v) = \frac{jk}{2\pi z} e^{-jkz} \iint_{-\infty}^{\infty} F(\xi,\eta) H^*(\xi-u, \eta-v, z) \mathrm{d}\xi \mathrm{d}\eta \tag{1.16}$$

（5）在衍射微光学图形图像元件的光出射面上所要求得的复振幅 $W(u,v)$，按下式加以替换，即

$$\overline{W}(u,v) = \begin{cases} A_0(u,v) W(u,v) |W(u,v)|^{-1}, & (u,v) \in Q_0 \\ 0, & (u,v) \notin Q_0 \end{cases} \tag{1.17}$$

（6）转到第（2）步。

（7）上述过程将一直持续到所设计的误差函数满足要求时为止。

2. 遗传算法

遗传算法是从一个种群（由若干个串组成，每个串对应一个自变量值）开始，不断产生和测试新一代种群的一种运算执行过程。从一开始便逐渐扩大搜索范围，因而可以期望较快获得问题的求解结果。建立初始种群是遗传算法的起始准备工作，初始种群的生成方法通常有两种，一种是完全随机的产生方法，如可用掷硬币或用随机数发生器来产生等，该方法适用于无任何先验知识的情况。对于具有某些先验知识的情形，可首先将这些先验知识转变为必须满足的一组要求，然后在满足这些要求的解中，再随机选采样本，这种选择初始种群的过程可使遗传算法更快地达到最优解。遗传算法的3个基本操作步骤为复制、交叉与变异。

（1）复制。复制指的是个体串按照它们的适配值进行复制。适配值相当于自然界中的一个生物群落，为了存活而具有的各项能力的妥协性综合配置，它决定了该串是被复制还是被淘汰。计算适配值可以看作遗传算法和优化问题间的接口。通过遗传算法来评价一个解的好坏，不取决于解的结构，仅依赖于该解的适配值。适配值的计算可能很复杂，也可能较简单，完全依从于问题本身。对于有些问题，适配值可以通过一些数学解析关系计算出来，但在很多情况下并不存在这样的解析表征。它可能通过一系列基于规则的步骤才能求得，或者在某些情况下是上述两种方式的综合。

复制操作的目的是产生更多的高适配值个体，即适配值高的被复制，适配值低的被淘汰。复制操作可以通过随机方法实现，若用计算机程序，则可以考虑首先产生0～1间的均匀分布的随机数，若某串的适配值占整个种群适配值的比率为40%，则当产生的随机数在 0～0.4 时，该串被复制。另一种直观的方法是使用轮盘赌的转盘，群体中的每个当前串，按照其适配值的比例，占据盘面上成相同比例的一个区域，然后通过转动轮盘来决定复制与否。

（2）交叉。交叉操作可分为两步：第一步是将新复制产生的匹配池中的成员随机两两匹配；第二步是随机产生一个交叉点，并从此点开始进行交叉繁殖。

（3）变异。经过复制交叉后，有时会发现可能某些串的值失去了多样性。为

了防止丢失一些有用的遗传因子，要进行变异。变异的概率很小，一般只有千分之几，甚至更低。变异操作可以起到恢复串位多样性的作用。常用的遗传算法流程框图如图1.4所示。

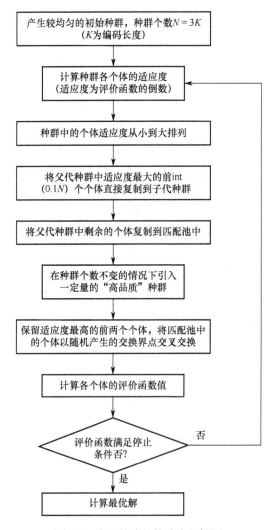

图1.4　常用的遗传算法流程框图

3. 模拟退火算法

模拟退火算法是近些年提出的一种适合求解大规模组合优化问题的较为有效的通用近似算法。它源于对固体退火过程的模拟，采用 Metropolis 接受准则，并用一组称为冷却进度表的参数控制算法进程，从而使算法在问题规模较大的多项式进程里给出一个近似最优解。较以往的近似算法具有描述简单、使用灵活、运用广泛、运行效率高，以及较少受初始条件限制等特点。

由统计力学可知，对某一温度 T，当系统处于热平衡态时，系统的热力学能 E 服从 Boltzmann 分布为，即

$$P(E) \propto \exp\left\{-\frac{E}{kT}\right\} \qquad (1.18)$$

式中：$P(E)$ 为热力学能 E 的取值概率；k 为 Boltzmann 常数；$\exp\left\{-\dfrac{E}{kT}\right\}$ 为 Boltzmann 因子。

如果温度 T 以足够慢的速度下降，系统总可以处于热平衡状态，其热力学能将随温度的下降而减少。当 $T=0$ 时，系统热力学能降到最小值。模拟退火算法是一种通过模拟热动力学系统的运动特征，解决组合优化问题的有效方法。在设计衍射微光学图形图像元件过程中，设 i 是某个相位分布，相应的目标函数为 $f(i)$，它们分别与一个固体的微观状态 i 及其能态 E_i 对应。随机选取相位分布体系中的某一区块，使之发生随机改变，得到一个新状态 j 以及新能态 E_j。令随算法递减其值的控制参数 t 担当固体退火过程中的控温角色，则对于控制参数 t 的每个取值，算法将持续进行"产生新解—判断—接受/舍弃"这一迭代过程，对应固体在某一温度状态下趋于热平衡这一进程，Metropolis 转移概率 p_i 为

$$p_i(i \Rightarrow j) = \begin{cases} t, f(j) \leqslant f(i) \\ \exp\left(\dfrac{f(i)-f(j)}{t}\right), \text{其他} \end{cases} \qquad (1.19)$$

用以确定是否接受从当前解 i 到新解 j 的转移。

如果 $E_j < E_i$，则该新状态就作为重要状态。如果 $E_j > E_i$，则该状态是否为"重要"状态，用随机数发生器产生一个 $[0,1]$ 区间内的随机数 ξ，若 $p_i > \xi$，则新状态 j 作为重要状态，否则舍去。这一接受新状态的准则称为 Metropolis 准则。模拟退火算法依据 Metropolis 准则接受新解。因此，除接受优化解外，还在一定范围内接受恶化解，这也正是遵循 Metropolis 采样机制，使模拟退火算法可以从局部最优的陷阱中跳出，也是与局部搜索算法的本质区别所在。开始时 t 值较大，可能接受较差的恶化解。随着 t 值的减小，只能接受较好的恶化解。最终在 t 值趋于零时，不再接受任何恶化解。模拟退火算法从某个初始相位分布出发，经过大量变换后，可以求得给定控制参数时的相对优化解。然后减小控制参数 t 的值，重复执行，从而在 t 趋于零时，最终求得全局最优相位分布。由于固体退火必须"徐徐"降温，才能使固体在每个温度状态下都能达到热平衡，最终趋于能量最小的基态。因此，控制参数的特征值也必须缓慢衰减，才能确保模拟退火算法最终趋于组合优化问题的整体最优解集。常用的模拟退火算法流程框图如图 1.5 所示。

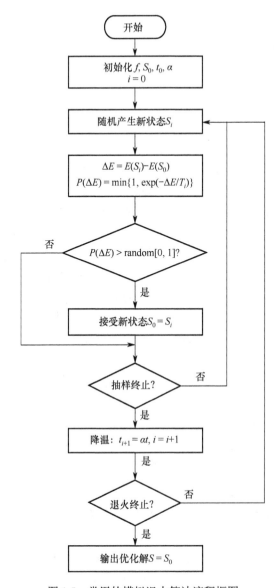

图 1.5　常用的模拟退火算法流程框图

1.3　设计实例

采用衍射微光学相位结构整形光束的设计实例如图 1.6 所示，将高斯光波整形成圆形平顶光束，采用边长为 D 的正方形光瞳，高斯入射光束的中心波长约 632 nm，输出面上的像素尺寸为 10μm×10μm，输入面和输出面上的采样点数均为 256×256。根据夫琅和费衍射理论，衍射积分变换采用傅里叶积分变换方式。圆形高斯入射

光束的表达式为

$$f(x,y) = \exp\left[\frac{-(x^2+y^2)}{w_0^2}\right] \quad (1.20)$$

该高斯入射光束的束腰半径为 1.28mm，其形貌如图 1.6（a）所示。整形后形成的圆形平顶光束半径为 0.32mm，如图 1.6（b）所示。所设计的衍射微光学相位结构的典型形貌如图 1.6（c）所示。通过所设计的衍射微光学相位结构，可以将高斯光束整形成具有锐利边界落差的圆形平顶出射光束。

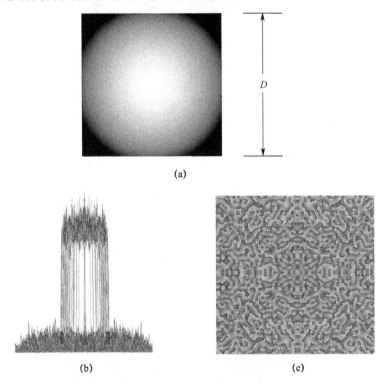

图 1.6　将高斯光束整形成圆形平顶光束

（a）高斯入射光束形貌；（b）整形后形成的图形平顶光束；（c）衍射微光学相位结构的典型形貌。

用图形图像学中广泛使用的 Lena 头像作为目标图像，衍射微光学图像元件采用边长为 D 的正方形光瞳，高斯入射光束的波长为 432 nm，输出面上的像素尺寸为 11μm×11μm，输入面和输出面上的采样点数均为 256×256，衍射积分变换采用菲涅耳积分变换方式。圆形入射高斯光束的表达式为

$$f(x,y) = \exp\left[\frac{-(x^2+y^2)}{w_0^2}\right] \quad (1.21)$$

其束腰半径为 0.99mm。用 Matlab 语言编程，经过仿真计算所得到的具有 2 阶相位、8 阶相位及其他任意阶相位分布的衍射微光学图像元件的相位数据体系、

空间排布以及所出射的衍射光学图像如图1.7所示。

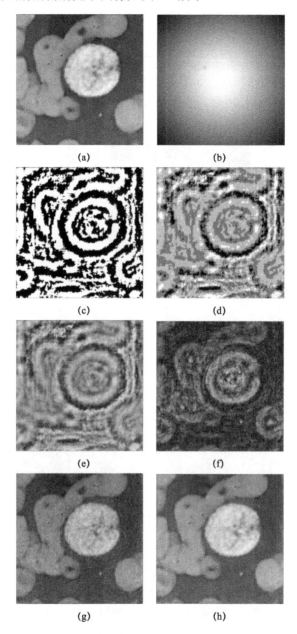

图1.7 具有2阶相位、8阶相位及任意阶相位分布的衍射微光学图像元件的相位数据体系、空间排布以及所出射的衍射光学图像

(a) 目标图像；(b) 高斯光束；(c) 2阶相位结构；(d) 8阶相位结构；(e) 任意阶相位结构；(f)(2阶)衍射图像；(g)(8阶)衍射图像；(h)(任意阶)衍射图像。

为了适应工艺制作要求，对所得到的序列相位结构插入量化函数，就可以得到较为理想的用于图像生成与发射的衍射微光学图像元件的设计结果。根据数字图像特点，采用图像相关函数作为仿真图像与目标图像间的相似性测度，用以衡量和评估图像的生成与发射效果。

若 $A(m,n)$ 和 $B(m,n)$ 分别为两幅数字图像，则图像相关系数可定义为

$$R(i,j) = \frac{\sum_{m=1}^{M}\sum_{n=1}^{N} A(m,n) \times B(m,n)}{\sqrt{\sum_{m=1}^{M}\sum_{n=1}^{N}[A(m,n)]^2} \sqrt{\sum_{m=1}^{M}\sum_{n=1}^{N}[B(m,n)]^2}} \qquad (1.22)$$

当两幅图像完全一致时，相关系数为1。式中 i 和 j 分别表示从一个图像序列中所选取的两帧图像的序号。

在图 1.7 中给出了由不同相位阶数的衍射微光学图像元件出射的图像及其衍射相位分布情况。其中图 1.7（a）所示为目标图像；图 1.7（b）给出了用于照射衍射微光学相位结构的高斯波束形貌；图 1.7（c）为针对目标图像所生成的 2 阶相位结构；图 1.7（d）为针对目标图像所生成的 8 阶相位结构；图 1.7（e）为针对目标图像所生成的任意阶相位结构；图 1.7（f）为针对图 1.7（c）所示的 2 阶相位结构用高斯激光光束照射后所生成的衍射图像；图 1.7（g）为针对图 1.7（d）所示的 8 阶相位结构用高斯激光光束照射后所生成与发射的衍射图像；图 1.7（h）为针对图 1.7（e）所示的任意阶相位结构用高斯激光光束照射后所生成与发射的较为理想的衍射图像。

从图 1.7（f）中可以明显观察到，相对 2 阶相位结构所生成与发射的衍射图像中，已出现一个镜像。这是由于当相位被量化为两个台阶时，物谱相位只有 0 和 π，即物谱为实数。每个实数可被分解成一个复数及其共轭，再现时就会出现一个共轭像。图 1.7（g）所示衍射图像的清晰度和像质，已明显高于图 1.7（f）所示情形。图 1.7（h）所示衍射图像的清晰度和像质，是基于具有任意阶相位结构对入射高斯激光光束进行相位调制所能生成的最好结果，仅存在于计算机仿真过程中。

表 1.1 给出了通过仿真计算所得到的具有不同相位阶数的衍射微光学图像元件的衍射效率、图像出射误差函数以及与目标图像的相关性参数情况。由表 1.1 可见，通过 8 阶相位结构的衍射微光学图像元件可以较好再现目标图像。通过具有任意阶相位结构的理想衍射微光学图像元件，则可以完美再现目标图像。在实际过程中，基于各类光电探测器材具有各异的成像探测和图像分辨能力这一情形，可以通过优化衍射微光学结构的相位台阶数量，获得较好的图像再现效果。

表 1.1　具有不同相位阶数的衍射微光学图像元件的衍射效率、
图像出射误差函数以及与目标图像的相关性参数情况

参　数		数　值					
相位阶数		2	4	8	16	32	任意
评价参数	图像相关性	0.8517	0.9473	0.9883	0.9956	0.9974	0.9989
	均方差	0.5006	0.3472	0.1799	0.0995	0.0741	0.0536
	衍射效率	0.5223	0.6512	0.8155	0.9570	0.9652	0.9945

1.4　小结

本章综述了利用衍射积分变换方法，构建衍射微光学相位结构，开展图形图像生成与发射方面的基本方法和算法特征研究。重点讨论和分析了基于高效能衍射微光学积分变换，针对形成特定光场所约束的光能投送形态，构建衍射微光学相位结构的数据体系和空间排布形态的基本算法属性，并给出了设计实例。在基于衍射微光学积分变换算法成图，实现高性能图像环境构建，以及光电器材成像探测能力量化评估与增强等方面，具有重要意义和实用价值。

第 2 章　衍射微光学图像生成与发射结构

通过比较和优化面向图像生成与发射的衍射微光学积分变换算法，首先获得适用于多谱图像生成与发射的衍射微光学相位结构的数据体系和分布形态；进一步利用特定晶向的硅材料在氢氧化钾（KOH）溶液中的蚀刻特性，获得与衍射微光学相位结构相匹配的微孔阵版图；在基于标准微电子工艺中的单步光刻与 KOH 湿法蚀刻工艺，获得硅衍射微光学相位结构模板，并通过电化学镍板转移和压印，最终得到有机玻璃材质的衍射微光学图像生成与发射结构。

2.1　单步光刻与硅 KOH 湿法蚀刻

通常情况下，制作衍射微光学相位结构的主要工艺方式是多阶套刻或灰度光刻，所针对的衍射元件其相位数据及其分布形态相对简单。由于所发展的衍射微光学图像生成与发射元件，针对多种多样的图形图像形态，一般表现为无序、杂乱、复杂的相位数据及其分布形式，如上所述的传统方法不可能满足制作需求，必须发展新的工艺制备手段。基于此，我们在国内率先发展了基于标准微电子工艺，采用单步光刻和 KOH 化学腐蚀的工艺制备方法。具有成本相对较低，所制微光学结构的表面粗糙度在纳米量级，衍射相位台阶的高度或深度在亚微米尺度，并可以根据需求灵活设计与调整，通光孔径在毫米至厘米量级的范围内可调，适用于复杂甚至无序相位结构分布的设计和制作等特点。可以根据目标图形图像和所出射的图形图像特征及参数情况，通过衍射积分变换算法，对衍射相位结构进行灵活设置与排布。

采用单步光刻和 KOH 湿法蚀刻工艺，在{100}晶向的硅片上制作用于图形图像生成与发射的衍射微光学相位结构工艺如图 2.1 所示。该方法主要涉及：①孔径尺寸不同的倒金字塔形硅微孔结构，经 KOH 溶液中的深度化学蚀刻所演化生成的，孔径和深度各异的非球形凹弧面，如图 2.1（a）所示；②不同结构尺寸的非球形凹弧面相互交叠衔接所成形的非球面折射轮廓，如图 2.1（b）所示；③如图 2.1（c）左图所示，由结构尺寸差别较大的非球形凹弧面相互交叠衔接成形的台阶状硅衍射相位结构，该结构的细部放大图如图 2.1（c）右图所示。

在{100}晶向的硅片上制作结构尺寸不同的倒金字塔形硅微孔后，通过 KOH 深度蚀刻形成台阶状的硅衍射相位结构如图 2.2 所示。主要工艺步骤包括：①在

{100}晶向的硅片上,通过等离子增强气相化学沉积(Plasma Enhanced Chemical Vapor Deposition,PECVD)工艺生长厚约 200nm 的 SiO_2 薄膜;②通过紫外光刻以及感应耦合等离子体刻蚀(Inductive Coupled Plasma,ICP)干法刻蚀,形成将硅材料裸露出来的大量微孔所组成的 SiO_2 掩模,目前这些微孔的最小尺寸控制在 1μm 以上;③在所形成的 SiO_2 掩模保护下,在约 60℃环境条件下,经约 30wt%的 KOH 溶液刻蚀获得倒金字塔形的硅微孔;④在此基础上通过 HF 溶液的快速腐蚀作用,在室温下将剩余的 SiO_2 掩模剥离;⑤在约 80℃环境条件下,再经约 30wt%的 KOH 溶液深度刻蚀约 60min,形成具有多台阶形貌轮廓的硅衍射相位结构。在上述硅微光学结构的制备过程中,仅执行了一次光刻操作,形成台阶状硅衍射相位结构主要在 KOH 深度化学刻蚀过程中完成。通过控制 KOH 刻蚀时间,针对台阶状衍射相位结构,可形成平坦相位台面和较为陡直的台阶侧边;针对连续轮廓的折射结构,可形成相对平滑和完整的折射面形。

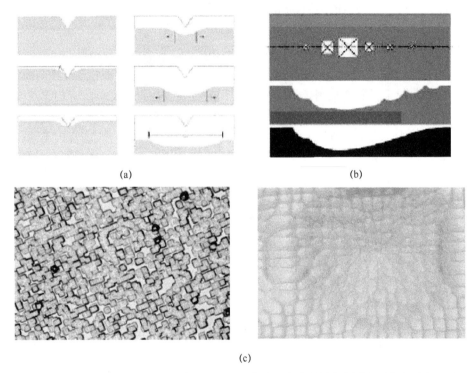

图 2.1 在{100}晶向的硅片上制作用于图形图像生成与发射的衍射微光学相位结构工艺
(a) 硅凹结构的 KOH 湿法刻蚀特征;(b) 获得凹弧面微光学结构;(c) 通过硅基 KOH 湿法刻蚀所得到的典型的折射及衍射硅微结构形貌特征。

进行上述工艺操作的前提是设计和制作具有特定形貌、结构与参数指标的光刻版图。在实验中所使用的光刻版图数据,依据所采用的衍射微光学积分变换算法获得。根据所需出射的多谱光学图像、文字和照射光源情况,目前主要采用常规的 GS 算法，获取衍射微光学图像和文字生成与发射结构的基本相位数据体系及其空间排布形态。然后结合工艺参数将其转化为排布有序、结构尺寸可以满足要求的大量硅倒金字塔形硅微孔阵，这些阵列化的硅微孔图形与光刻版图对应。光刻版在中芯国际集成电路（上海）有限公司制作。薄膜生长、光刻、ICP 刻蚀和湿法腐蚀等工艺，在中国科学院半导体研究所半导体集成技术工程研究中心进行。所使用的 PECVD 设备是英国 STS 公司的 Multiplex CVD，ICP 设备是英国 STS 公司的 Multiplex AOE，光刻设备是德国 Suss Microtec 公司的 MA6/BA6 双面对准光刻机。

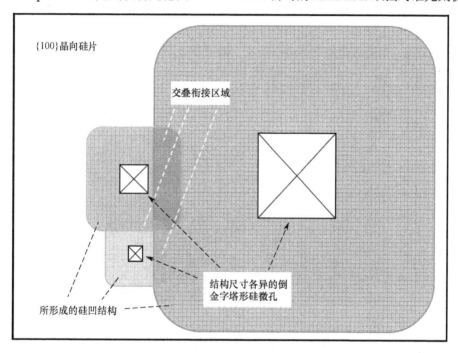

图 2.2 在{100}晶向的硅片上制作结构尺寸不同的倒金字塔形硅微孔后，通过 KOH 深度刻蚀形成台阶状的硅衍射相位结构

利用上述工艺制作台阶状的硅衍射相位结构的物理基础是{100}晶向的单晶硅材料在 KOH 溶液中的各向异性腐蚀特性，以及 KOH 溶液对特殊晶向硅微结构的深度化学刻蚀所呈现的非球形凹弧面成形效应。研究显示，结构尺寸不同的倒金字塔形硅微孔，经 KOH 深度刻蚀所形成的非球形凹弧面其孔径、深度和形貌结构等，与 KOH 溶液的浓度、温度以及特定晶向硅结构的材料属性等密切相关。因此，能否获得满足要求的硅衍射相位结构，也就是由大量高度或深度各异的平坦等相位面交错排布构成的衍射微光学功能结构的前提，是将大量基本相位结构的参数指标与工艺条件结合起来，从而确定基本相位结构的形貌特征和参数配置，如等相面的高度和面形尺寸、相邻等相面间的衍射台阶高度或深度和侧面倾斜度等。

在{100}晶向的硅片上，通过排布结构尺寸不同、分布形态各异的大量倒金字塔形硅微孔，经深度 KOH 刻蚀，形成可以工作在中心波长约 450nm 及 532nm 的衍射微光学相位结构的仿真情形如图 2.3 所示，图 2.3（a）所示为用于发射 Lena 女士头像的衍射微光学相位结构；图 2.3（b）所示为用于发射中文字的衍射微光学相位结构。所设计的针对上述衍射微光学相位结构的光刻图情况如图 2.4 所示。该图给出了通过所采用的衍射积分变换算法，可生成大量硅微孔的典型结构尺寸和空间排布情况。在设计过程中，为了首先在原理上实现图像和文字生成与发射这一目的，尽可能降低制作成本，并把复杂的纳米尺寸效应排除，将纳米量级的倒金字塔形硅微孔全部略去，这些纳米微孔约占全部硅微孔数量的 30%。这一做法尽管造成了诸如相位台阶侧面呈现倾斜而非理想的陡直形状，所出射的图形图像其清晰度和可视度大为降低，衍射效能显著下降等后果，但所期望获得的原理性图像和文字生成与发射目的已达到，从而验证了设计方法和制备工艺的可行性，为进一步发展用于生成与发射清晰图像和文字的实用化技术奠定了基础。图 2.4 所示的不同尺寸的微圆形图案，在实际制作过程中一般被更易于实现的微方形图案取代。

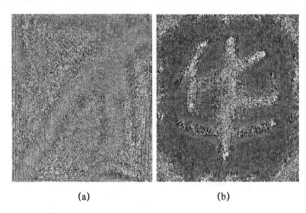

图 2.3　衍射微光学相位结构的仿真情形

（a）生成与发射图像；（b）生成与发射文字。

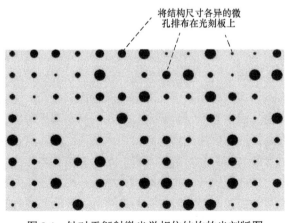

图 2.4　针对于衍射微光学相位结构的光刻版图

一般而言，通过 KOH 刻蚀所能得到的硅结构其表面较为光滑。因此，决定硅衍射相位结构质量高低的关键因素是所形成的衍射相位台阶的高度或深度及其侧面倾斜度，也就是通过结构尺度不同的相邻硅非球形凹弧面间的交叠衔接，在交错区域内所形成的硅结构的落差以及过渡区域的宽窄等。较为详细的硅基 KOH 湿法刻蚀工艺情况，依据所制作的用于不同目的的微光学结构特征，将在第 5 章及其后的章节中介绍。

总之，在设计光刻版图过程中，通过控制与衍射相位台阶对应的大量微图形（对应通过 ICP 及 KOH 刻蚀形成的硅微孔）的尺寸、分布形态和密度等，可以有效控制衍射台阶的高度或深度和侧面倾斜度。通过 KOH 深度刻蚀所得到的硅衍射图形图像生成与发射结构的局部显微光学照片如图 2.5 所示。图 2.5（a）中包含了多个深度和面形尺寸各异的衍射相位结构。图 2.5（b）显示了与图 2.5（a）相对应的衍射台阶的深度及其空间分布情况，如宽的深色线状斑纹所代表的大深度相位台阶、细长线状结构所表示的浅深度相位台阶以及相互连接的宽窄线体所显示的相邻深浅相位台阶间的过渡区域等。用于文字生成与发射的衍射相位结构的形貌和轮廓特征，与用于图像生成与发射的衍射相位结构类似。表面形貌测试表明，等相位面形结构的表面粗糙度在几十纳米程度，所形成的衍射台阶较为陡峭，整体器件的表面轮廓清晰完整、光滑顺畅。通过在硅衍射相位即浮雕结构面上，进一步涂刷柔性硅胶膜并完整无损剥离所获得的柔性衍射微光学图形图像生成与发射结构样片如图 2.6 所示。

(a)

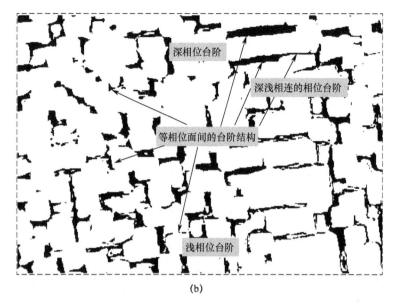

(b)

图 2.5 通过 KOH 深度刻蚀所得到的硅衍射图形图像生成与发射结构的局部显微光学照片

(a) 显微光学照片；(b) 相位台阶分布。

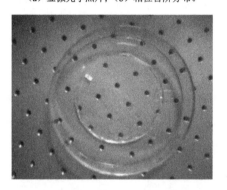

图 2.6 柔性衍射微光学图形图像生成与发射结构样片

2.2 可见光图像发射效能评估

为了在可见光谱域测试所制衍射微光学相位结构的图像及文字的远场生成与发射效能，首先将硅衍射微光学相位结构通过电化学方法复制成了镍版，然后通过精细结构压制法，将镍版图形转印复制到有机玻璃材料上。测试光路、目标图像的仿真情形和发射效果如图 2.7 所示。图 2.7 中的右上子图给出了将中心波长分别为 650nm、450nm 及 532nm 的连续红、绿、蓝激光，分别照射到有机玻璃材质的衍射微光学相位结构上，所获得的远场多谱图像生成与发射效果。其中图 2.7 左上子图给出了目标原图，进行仿真发射的成像效果。图 2.7 下图所示为测试光路，将具有上述中心波长的高斯激光,照射图中左下侧大图所示的衍射微光学相位结构,所出射的衍射光场被一台相机捕获并输出。如图 2.7 所示,所出射的约 450nm 波长处的蓝色图像,已与图中左上侧目标原图所示的情形较为接近,所出射图像的轮廓特征和结构细节已可以有效辨别。尽管约 650nm 波长处的红色图像,其清晰度已较蓝色图像有所降低,但仍具有基本形貌和轮廓特征,绿色图像则已完全失真,已无法对该图像进行辨别。

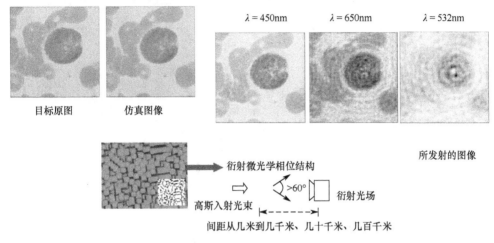

图 2.7 测试光路、目标图像的仿真情形和发射效果

由上述测试结果可见,针对中心波长约 450nm、谱宽约 47nm 的高相干入射高斯光束所设计的衍射微光学相位结构,对中心波长约 650nm 的红光也呈现较好的图像生成与发射效能,其原因在于所制成的与 450nm 蓝光匹配的衍射相位结构,在约 650nm 光波照射下,产生了与 $2\pi n$($n=1,2,\cdots$)相接近的相位差。图 2.7 左上侧子图所仿真的,通过衍射相位结构生成的仿真图像与原图几乎没有明显差别,但实际所生成与发射的图像其清晰度远低于仿真结果的原因在于:在制作硅衍射相位结构过程中,为了在有限经费条件下首先验证原理,将所设计的结构尺寸小于 1μm 的倒金字塔形硅微孔全部略去。尽管这些硅结构仅占微孔总量的 30%左右,却决定了通过衍射光学积分变换,将入射光能有效展布到预定空间区域的细致程度,也就是衍射效能的高低或者所生成与发射图像的清晰度。在图 2.7 下侧子图所示的测试光路中,也给出了目前所能达到的衍射光场的角空间大小情况,其值约为 60°。

通过制作在有机玻璃材料上的衍射微光学相位结构生成与发射图像和文字的照片如图 2.8 所示,图中上侧显示了多个"华"和"中"字,其形貌轮廓完整、清晰,反映了高的衍射光学变换效能。右侧图给出了苏 30 战机较为模糊的测试图片。由测试结果可见,用于文字生成与发射的衍射微光学元件,其相位结构的形貌轮廓尺寸,并不需要达到用于图像生成与发射的衍射结构所应具备的细微程度,这对低成本条件下制作这类用于文字生成与发射的衍射微光学相位结构来说具有重要意义。图 2.8 中的下侧图从左至右分别给出了 Lena 女士头像、花朵和华中科技大学校徽等的典型图样。图 2.7 和图 2.8 所示的各衍射图形图像,直接通过可见光 CCD 相机拍摄显示屏幕上的衍射光场获得。屏幕距所测试的衍射微光学相位结构样片约 80cm。

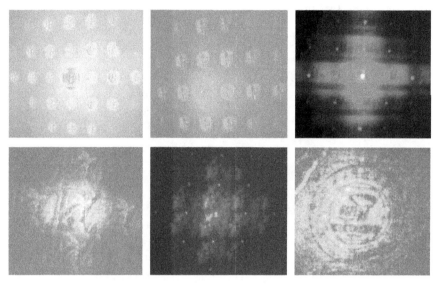

图 2.8　通过制作在有机玻璃材料上的衍射微光学相位结构生成与发射文字和图像的照片

同一块衍射微光学相位结构生成与发射多谱花朵图像的照片如图 2.9 所示。所获得的上侧三基色谱花朵图像间的差别很小,由下侧的单谱放大图也可以观察到这一特征。中间图则显示出由三基色谱花朵图像合成的图像,除较目标图像的亮度略低外,图像清晰度和完整性的差别也较小。由图 2.9 可见,针对一些特定图像形态,在不太宽(一般小于 1μm)的波谱范围内,能够有效生成与发射的多谱图像并无明显差异。

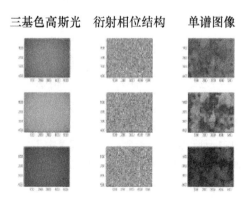

目标图像　　　三基色谱图像的合成图像

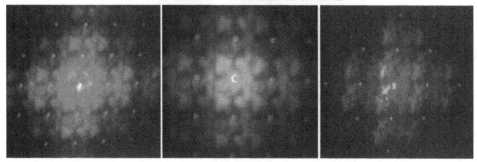

单谱放大图像

图 2.9　同一块衍射微光学相位结构生成与发射多谱花朵图像

2.3　小结

通过单步光刻、KOH 湿法刻蚀以及精细图形结构转印，制作了原理性的衍射微光学图像和文字的生成与发射结构。表面形貌测试显示了所制微光学相位结构的良好形貌特征，常规光学测试给出了预期的远场衍射光学图像和文字的生成与发射效果，为发展实用化的高性能衍射微光学图像及文字的生成与发射技术奠定了基础。初步研究显示了所建立的设计方法和工艺路线的有效性，所制作的衍射微光学相位结构的表面粗糙度在纳米量级；大量基础相位结构可以根据需求依据衍射积分变换算法灵活设计、调控与排布；衍射台阶的倾斜度和高度或深度，能够按照实际要求进行设计、匹配和制作；可以对大量基本相位结构灵活进行空间排布来组成复杂的等相位面等。

第3章 折射微光学波前出射结构

形成光滑、连续的球面或非球形轮廓界面,是构建折射微光学面形结构(如典型的光学波前出射结构)的前提。常规的机械研磨、激光烧蚀、离子束蚀刻、电化学镀膜、热成形等工艺方式,均难以精确构建任意形貌轮廓的光学面形。通过在特定晶向的硅表面合理布设孔径受控的微孔阵,利用标准微电子工艺中的硅基 KOH 湿法蚀刻,可首先形成与微孔窗口对应的具有特定结构尺寸的倒金字塔形结构。进一步通过去除硅表面上的保护层后的深度 KOH 湿法再蚀刻,单步获取由相邻硅倒金字塔经湿法蚀刻演化而成的非球形凹弧面耦合拼接成形的光滑弧面,获得硅折射微光学波前结构模板;再通过电化学镍版图形转移和压印,最终得到有机玻璃材质的折射微光学波前出射结构。

3.1 问题与挑战

近些年来,高性能光学光电成像探测技术得到迅速发展。通过硬件支撑下的高速信息处理,基于图像的谱特征(多谱、高光谱或超谱)以及相应的或相关的成像波前传播演化与变动,在闭环或自适应控制基础上,快速、有效地获取目标在复杂背景环境中的图像信息,提取关键性的图像目标特征和控制参数,已成为现代图像信息获取技术的一个显著特征,以可见光和红外谱域的高性能 CCD、CMOS、FPA 等基于波前测量与调变的成像探测为典型代表。

研究表明,以光能量测量为基准的成像探测体制,仅能将直接暴露于光学系统前的,由目标和景物所组成的复合结构架构或被其他介质遮蔽后形成的综合辐射体的光能特征记录下来。通过以计算机图形学为基础的图像信息处理方法,可以在一定程度上恢复、改善或增强成像质量。但在有障碍物、干扰体或遮蔽介质存在的条件下,则无法保证有效获取所需像质的目标图像信息,有时所得到的甚至是与实际情况截然相反的结果,如典型的伪装、隐身、欺骗、隔断或气动光学效应等所营造的效果。将入射光能量转换成电子学图像信息这一成像探测方式,尽管在物理层面上含有与目标和景物相关的波前及其迁移和变动信息,但无法加以有效提取和利用。

基本波前架构下的光辐射特征及其在环境介质中的传输和演化行为如图 3.1 所示。在该图中主要显示了几种典型的基本波前形态及其传输特征,以及由于大气扰动（如湍流或不稳定云层等）的干扰影响，产生波前畸变的典型情形。通常情况下，其他所能经常遇见的复杂波前形态及其演化行为，均可由这些基本波前加以拟合或分解。如上所述的典型人工干扰活动，对目标波前在大气等环境中的传播行为及其对光电转换特征的影响甚至破坏，一般可归结为对这些波前所做的扰动或波前出现的畸变性变化。

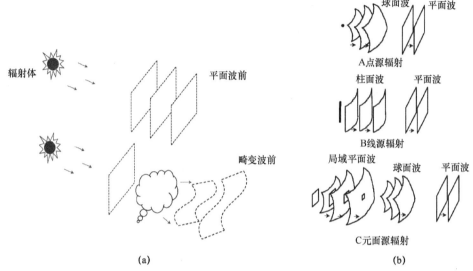

图 3.1　基本波前架构下的光辐射特征及其在环境介质中的传输和演化行为
（a）环境等因素所导致的波前畸变；（b）基本波前架构的辐射特征。

目前，北美和欧洲的若干研究单位，从可见光频域出发，正在快速发展基于波前精确测量和调制的灵巧自适应光学光电成像探测技术。可以预见，该技术很快就会扩展到与国家安全、科学研究及日常生活密切相关的紫外、红外及太赫兹等光电成像领域。通过对与成像目标及背景环境密切相关的电磁辐射其波前特征进行比较分析，如波前的分布特征及其迁移和变动属性等，显著提高成像质量和探测效能，克服甚至摆脱人工因素、大气的不稳定性以及气动光学效应等对成像探测的不利影响，显著改善成像质量，增强干扰抑制能力。

针对上述技术发展动态和需求，发展相应的高性能灵巧波前仿真技术的基础，就是获得能够出射形态多种多样的微光学波前结构，用以建立复杂波前环境，再现与背景及目标的电磁辐射、透射、反射和散射等行为密切相关的波前属性和演化规律。通常情况下，产生光学波前需要昂贵精密的光学设备，并且所能生成的波前种类和形态极其有限，通过常规方法生成结构复杂多样的波前形态是十分困难甚至是难以做到的。发展灵巧波前生成和仿真技术，目前仍是国际上的一个研究热点。本章主要讨论和分析了通过标准微电子工艺，制作可以将高斯激光光束变换成复杂波前的折射微光学结构这一技术方法。

3.2 折射微光学波前出射结构的工艺制作方法

本书发展了基于单晶硅材料的单步光刻与 KOH 湿法刻蚀,制备折射微光学波前出射结构的工艺方法。具有适用于可解析表征、基于测量或经验性图形图像数据构建的复杂波前出射载体,利用计算机编程进行结构设计并结合成熟工艺有效实现这一特征。主要工艺环节包括:①在{100}晶向的硅片上通过 PECVD 法生长 SiO_2 膜;②单步光刻;③通过 ICP 刻蚀形成 SiO_2 掩模;④通过 KOH 湿法刻蚀形成倒金字塔形的硅微孔;⑤通过 HF 溶液腐蚀去除硅微孔周围的 SiO_2 掩模;⑥通过 KOH 深度刻蚀形成连续轮廓的折射微光学波前出射结构。实验用光刻板在中国科学院微电子研究所制作,光刻和化学腐蚀工艺在中国科学院半导体研究所半导体集成技术工程研究中心进行。所使用的 PECVD 设备是英国 STS 公司的 Multiplex CVD,ICP 设备是该公司的 Multiplex AOE,光刻设备是德国 Suss Microtec 公司的 MA6/BA6 双面对准光刻机。

通常情况下,{100}晶向的硅材料在 KOH 溶液中的腐蚀呈各向异性。对表面分布有倒金字塔形凹孔的这类硅片进行 KOH 深度化学腐蚀,将会出现非球形凹弧面微结构形貌。研究显示,不同结构尺寸的凹孔所腐蚀出的硅微结构的孔径、深度和形貌不同,图 3.2 给出了在{100}晶向的硅片上制作倒金字塔形微孔以及非球形凹弧面的 KOH 刻蚀演化。该图显示了在{100}晶向的硅片上所形成的,结构尺寸不同的倒金字塔形的多个凹孔结构;通过深度 KOH 刻蚀形成由深色区域表示的非球形凹弧面微结构,以及由不同结构尺寸的非球形凹弧面相互套叠衔接等。

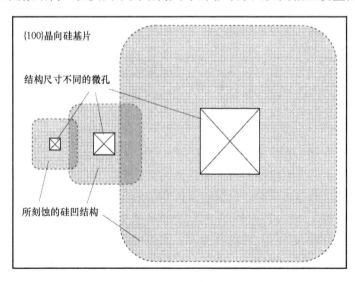

图 3.2 在{100}晶向的硅片上制作倒金字塔形微孔以及非球形凹弧面的 KOH 刻蚀演化

通过控制所刻蚀出的硅微结构的外形尺寸，在硅片上的分布形态以及形成合理的硅微结构间的套叠衔接程度，可以获得按预定参数成形的折射微光学连续轮廓形貌，如图3.3所示的通过KOH深度刻蚀形成连续轮廓的硅片图形结构。

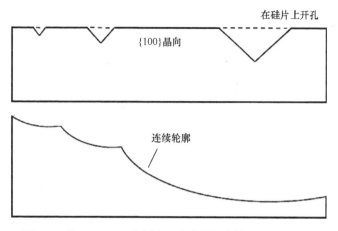

图3.3 通过KOH深度刻蚀形成连续轮廓的硅片图形结构

一般而言，为形成具有连续轮廓形貌的硅折射微光学结构所布设的相邻初始倒金字塔形微孔，其孔径和排布密度不应做剧烈变动。也就是说，在光刻板上所布设的微方形图案，也应尽量避免孔径和排布密度出现剧烈变动。制备由类似于上述硅微结构的多个图形单元所组成的连续轮廓折射波前出射结构，首先需要确定其形貌特征，如通过解析关系或有限元分析与采样所描述的情形。在此基础上，将波前结构通过多个球形（实际为非球形，有时也为类球形）结构加以拟合。一般而言，由于通过化学腐蚀所遗留的相邻微球形（替代类球形）间的突起或凹陷，其特征尺寸远大于通过KOH深度刻蚀所能得到的硅结构的表面不平整度。因此，这些突起或凹陷的结构尺寸大小，决定了所制微光学面形的表面粗糙度。通常情况下，这类凸起或凹陷的结构尺寸越小，所获取的面形结构的表面粗糙度越低，光学面形质量就越高。在设计阶段，通过将这类凸起或凹陷的结构尺寸限制在几十纳米程度，可以获得类似于光学镜面的面形质量。

上述工作完成后，即进入光刻版图的设计和波前结构的仿真测试阶段。在这一阶段，将得到与波前结构相匹配的光刻版图，它对应于在硅片上所定位的硅微孔结构与分布密度，以及可预测的波前出射结构的形貌特征及参数指标等。所仿真的多种复杂波前的形貌结构如图3.4所示。图3.4（a）显示了所选取的若干准相位型光学波前生成及变换结构的形貌特征，图3.4（b）给出了与图3.4（a）相对应的出射波前形态。由于所采用硅材料的KOH湿法刻蚀演化规律是经验性的，在其设计和仿真阶段将引入与实验条件相关的多个经验关系和参数。

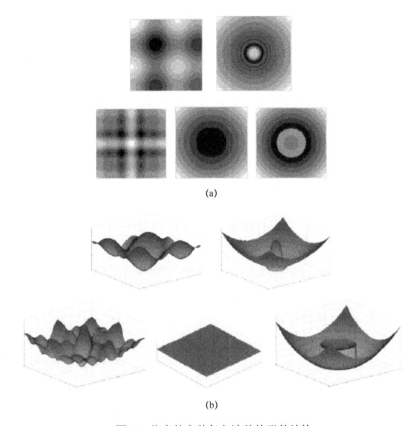

图 3.4 仿真的多种复杂波前的形貌结构

(a) 若干准相位型光学波前生成及变换结构的形貌特征；(b) 对应于图 (a) 准相位型波前结构的波前形态。

针对特定的可用解析关系描述的硅折射波前结构，所做的仿真实验及其对应的光刻版图如图 3.5 所示。图 3.5（a）和（b）所示分别为目标波前与仿真结构形貌，图 3.5（c）所示为轮廓特征，图 3.5（d）所示为在硅片表面所应有序排布的倒金字塔形凹孔图形阵列，该阵列对应光刻版图上所制作的精细图案结构。图 3.6 给出了硅折射波前结构的实验制备和测试情况，图中的上列图给出了局部样片的形貌结构，图 3.6（a）和（d）所示为由各单元结构交叠衔接所构成的阶梯形功能结构区的面形特征，图 3.6（b）和（e）所示为平滑凹形区的结构形貌，图 3.6（c）和（f）所示为阵列化结构等典型情形。

通过硅基 KOH 深度刻蚀所得到的 5×5 元硅波前出射结构阵列单元的显微光学照片如图 3.7 所示，图 3.7（a）～（i）所示的波前出射结构对应的解析关系分别为 $\dfrac{\sin^2(3\pi\sqrt{x^2+y^2})}{9\pi^2(x^2+y^2)}$、$\dfrac{\sin(3\pi\sqrt{x^2+y^2})}{3\pi\sqrt{x^2+y^2}}$、$\dfrac{\sin(4\pi\sqrt{x^2+y^2})}{4\pi\sqrt{x^2+y^2}}$、$\sin(2\pi x)\sin(2\pi y)$、$\sin(3\pi x)\sin(2\pi y)$、$\sin(4\pi x)\sin(2\pi y)$、$\cos(2\pi x)\cos(2\pi y)$、$\sin(4\pi x)\sin(3\pi y)$ 和

$\sin(4\pi x)\sin(4\pi y)$,其中,$-1 \leqslant x$、$y \leqslant 1$。

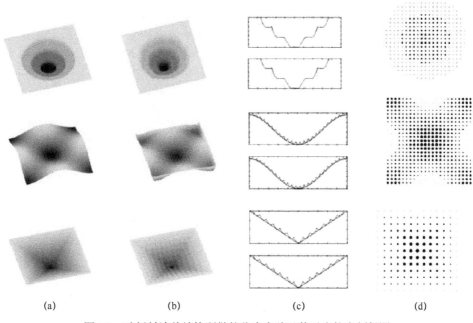

图 3.5 硅折射波前结构所做的仿真实验及其对应的光刻版图

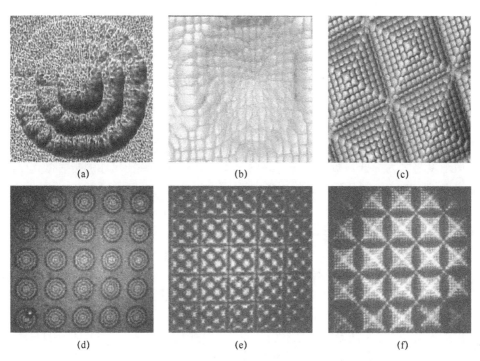

图 3.6 硅折射波前结构的实验制备和测试情况

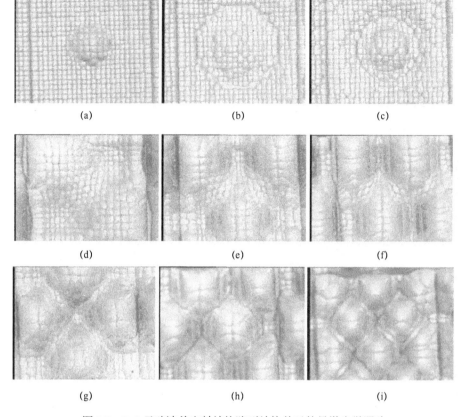

图 3.7 5×5 元硅波前出射结构阵列结构单元的显微光学照片

由图 3.7 可见,尽管组成各波前出射结构的基本单元图形依然可以分辨出来,但表面形貌测试显示,波前结构的表面粗糙度已达到几十纳米程度,其表面轮廓清晰完整、光滑顺畅。仿真测试表明,通过将在硅片上定位的、呈倒金字塔形的最小凹孔尺寸缩小到纳米量级,上述图片所显示的大量基本微小结构将消失或者其清晰度将大为降低,折射结构将浑然一体。具有纳米特征尺寸的折射微光学波前出射结构的实验制备工作目前正在进行。

3.3 可见光谱域光学性能测试与评估

为了检测所制波前出射结构的波前发射效能,首先将硅图形结构通过电化学方法复制成了镍版。然后通过图形压制转印,将镍版图形转移复制到有机玻璃材料上。通过将中心波长约 632nm 的连续激光照射有机玻璃波前发射结构获得的波前出射效果如图 3.8 所示。图 3.8(a)~(i)与图 3.7(a)~(i)所示的波前出射结构相对应。由图 3.8 可见,通过所制波前出射结构,已将高斯激光光束成功转

变成了由 $k_1 \dfrac{\sin^2(3\pi\sqrt{x^2+y^2})}{9\pi^2(x^2+y^2)}$、$k_2 \dfrac{\sin(3\pi\sqrt{x^2+y^2})}{3\pi\sqrt{x^2+y^2}}$、$k_3 \dfrac{\sin(4\pi\sqrt{x^2+y^2})}{4\pi\sqrt{x^2+y^2}}$、$k_4 \sin(2\pi x)\sin(2\pi y)$、$k_5 \sin(3\pi x)\sin(2\pi y)$、$k_6 \sin(4\pi x)\sin(2\pi y)$、$k_7 \cos(2\pi x)\cos(2\pi y)$、$k_8 \sin(4\pi x)\sin(3\pi y)$ 和 $k_9 \sin(4\pi x)\sin(4\pi y)$ 等解析关系所描述的出射波前，即实现了相对复杂的光学波前发射。

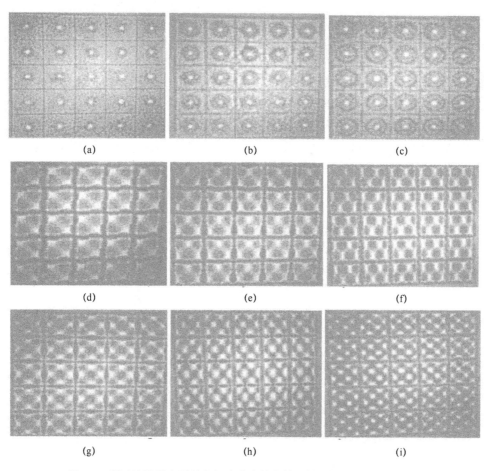

图 3.8　通过连续激光照射有机玻璃波前发射结构获得的波前出射效果

各解析关系中的常数 $k_{1\sim 9}$ 为波前关联因子，用于描述所出射的波前与折射微光学波前结构的形貌差异程度。该因子与所出射的高斯光束的形态、微光学结构与光源间的位置以及微光学波前出射结构的形貌特征等密切相关。实验显示，目前所获得的关联因子 k 的均值一般为 0.7。结构相对简单的波前其 k 值可以达到 0.75，较为复杂的波前已低至 0.63，其他的则分布在这两个数值之间。

目前所采用的波前关联因子的定义为

$$k = \frac{\sum_{i=1}^{m} h_i}{\sum_{i=1}^{m} H_i}$$

式中：h 为所出射的波前各波峰的峰高或各波谷的谷深；H 为所制波前结构其相应图形部分的峰高或谷深；i 为波峰及波谷序号；m 为波峰及波谷数量。一般而言，这一定义方式未涉及波峰或波谷的形貌轮廓细节，仍显简单和粗糙。目前正在进行如何找到更为准确的 k 因子关系这一工作。

仿真和实测显示，关联因子 k 取值较低的主要原因在于：在制备硅波前出射结构的初始阶段，选用了较大孔径的倒金字塔形微孔，这些硅微孔的尺寸均大于 1μm。由多个尺寸不一的非球形凹弧面微结构套叠衔接所形成的硅折射结构，其总的形貌轮廓仍留有拟合不充分的痕迹。也就是说，尽管图形结构间的差异较小，仍造成了出射的光学波前与折射微光学结构在形貌上的较大改变。将这些硅孔的特征尺寸缩小到纳米尺度的工作目前正在进行。总体而言，针对形成连续轮廓形貌的硅折射结构所布设的硅倒金字塔形微孔，其结构尺寸和排布密度一般应呈现渐变形态，不应出现较大跃变。这点与形成台阶状形态的衍射相位，应布设可用突变描述的硅倒金字塔形微孔阵有明显不同。

3.4 小结

通过单步光刻、KOH 湿法刻蚀工艺以及精细图形结构的压制转印，成功制成了可以出射复杂波前的折射微光学结构。表面形貌测试显示了所制微光学波前结构的良好形貌特征，通过远场光学测试获得了具有高关联度的多种复杂波前。对基于波前调制的高性能成像探测与图像仿真技术以及具有复杂形貌的波前生成和发射技术等的进一步发展具有重要意义。

第4章 相干光波的衍射整形与频谱空间分离

从激光器出射的相干激光光束其输运的光能量或传播态光波振幅，常基于高斯形态构建与演化。通过波长敏感的衍射微光学相位结构整形高斯激光光束，可有效形成特定空间分布形态或图案花样的空间光场，如典型的高能态光聚集点、环形光圈、时频即颜色光波聚束、空频光波空间分离形态压缩、形成特定的图案化或图像化光能流积分形态等。本章针对特定形态的空间光场成形或光能的图案化输运需求，开展通过衍射微光学相位结构、执行光能空间输运分布形态的衍射调制构建或再现，以及高斯激光光束的高效整形变换等所依存的波长或时频依赖型的衍射相位数据体系算法生成研究。

4.1 基础理论与基本方法

光是粒子又是波，既可以用常规的电磁理论描述，也可以用量子观点阐述。基于常规电磁理论的光波前上的每个点或每个小的结构区域，均可视为产生后续波前的子波源，它们分别发出球面子波并向周围区域传播，后续波前是这些球面子波的包络。研究和应用显示，所演绎出的遵从惠更斯—菲涅耳原理的标量衍射理论，可以解决大多数的常规光波衍射问题。但在一些特殊场合，需要采用严格的矢量衍射理论来精确分析更为复杂的现象。此时，麦克斯韦方程是分析和解决问题的起点，需要考虑光场基于偏振的振动特征、演化行为和传播属性。

标量衍射理论在处理光场时，仅考虑振幅和相位这两个参量，不涉及偏振态，适用于特征结构尺寸远大于或接近入射光波长的情况。在特征结构尺寸与波长相当或者更小（即为亚波长结构）时，会产生较大误差，这也是采用矢量衍射理论的诱因之一。表 4.1 给出了光场衍射理论基本特征。

表 4.1 光场衍射理论基本特征

项　　目	标　量　理　论	矢　量　理　论
特征结构尺寸	大于或接近光波长	与光波长相当或者更小（亚波长）
偏振效应	不涉及	基本因素
计算量	小	大

考虑到本章所涉及的衍射微光学结构的特征尺寸，均略大于或与光波长接近这一情况，均采用不涉及光波偏振行为的标量衍射理论，开展波束的解析式整形变换的分析讨论。具有算法结构相对简单、程序计算量相对较小、衍射相位数据体系易于生成和调整等特点。基于高斯波束整形变换的解析表征见下列内容。

若波动光场中不存在自由电荷，则麦克斯韦方程可写成

$$\nabla \times \boldsymbol{E} = -\mu \frac{\partial \boldsymbol{H}}{\partial t}$$

$$c = \frac{1}{\sqrt{\mu_0 \varepsilon_0}}$$

$$\nabla \cdot \varepsilon \boldsymbol{E} = 0$$

$$\nabla \cdot \mu \boldsymbol{H} = 0 \tag{4.1}$$

如果环境介质具有各向同性、均匀、无色散及无磁性等属性，可以进一步得到下列常规波动方程，即

$$\nabla^2 \boldsymbol{E} - \frac{n^2}{c^2} \frac{\partial^2 \boldsymbol{E}}{\partial t^2} = 0 \tag{4.2}$$

式中：n 为介质折射率，满足 $n = (\varepsilon/\varepsilon_0)^{1/2}$ 关系；ε_0 为真空介电常数；c 为真空中光速。与空间电场耦合的空间磁场满足下列方程，即

$$\nabla^2 \boldsymbol{H} - \frac{n^2}{c^2} \frac{\partial^2 \boldsymbol{H}}{\partial t^2} = 0 \tag{4.3}$$

通过简单计算可进一步得到波动电磁场的通用表征关系，即

$$\nabla^2 u(p,t) - \frac{n^2}{c^2} \frac{\partial^2 u(p,t)}{\partial t^2} = 0 \tag{4.4}$$

式中：$u(p,t)$ 为电场量或磁场量，是空间位置和时间的函数。在仅存在单频（单色）光波在较大空间区域内传播这一情形下，$u(p,t)$ 可被表示为

$$u(p,t) = A(p)\cos[2\pi\upsilon t + \phi(p)] \tag{4.5}$$

式中：$A(p)$ 与 $\phi(p)$ 分别为场量的振幅与相位；υ 为光波频率。其复数形式为

$$u(p,t) = \text{Re}\{U(p)\exp(-j2\pi\upsilon t)\} \tag{4.6}$$

式中：$U(p)$ 为空间位置的复函数；j 为虚部符号。用场分布 $u(p,t)$ 表示光波时，应满足标量波动方程，即

$$\nabla^2 u(p,t) - \frac{n^2}{c^2} \frac{\partial^2 u(p,t)}{\partial t^2} = 0 \tag{4.7}$$

在单频条件下，$u(p)$ 还应满足方程 $(\nabla^2 + k^2)u = 0$，其中：$k = 2\pi/\lambda$；λ 为光波长，k 为波矢，用来表示光波的传播方向和动量特征。引入格林公式求解该方程时，应首先假设 $u(p)$ 与 $G(p)$ 为两个复数场，S 为体空间 V 所封闭的外表面，因而有

$$\iiint_V (U\nabla^2 G - G\nabla^2 U)\mathrm{d}v = \iint_S (U\frac{\partial G}{\partial n} - \frac{\partial U}{\partial n})\mathrm{d}s \tag{4.8}$$

引入辅助场 $G(P_1) = \exp(jkr_{01})/r_{01}$，经简化后，有

$$u(P_0) = \frac{1}{4\pi} \iint_S \left\{ \frac{\partial u}{\partial n} \left[\frac{\exp(jkr_{01})}{r_{01}} \right] - u \frac{\partial}{\partial n} \left[\frac{\exp(jkr_{01})}{r_{01}} \right] \right\} ds \tag{4.9}$$

根据经典光衍射理论，需引入下列假设，即在 S 以里时，u 与 $\frac{\partial u}{\partial n}$ 均不改变；在 S 以外时，$u = 0$ 以及 $\frac{\partial u}{\partial n} = 0$。考虑到这两个假设不能同时满足这一情况，引申出另一个假设，即

$$G_-(P_1) = \frac{\exp(jkr_{01})}{r_{01}} - \frac{\exp(jk\hat{r}_{01})}{\hat{r}_{01}} \tag{4.10}$$

式中：$\hat{r}_{01}$ 为单位矢量。由于 $\hat{P}_0$ 与 P_0 为 S 上的对称点，在 S 内 $G_-(P_1) = 0$，故有

$$u_1(P_0) = \frac{-1}{4\pi} \iint_S u \frac{\partial G_-}{\partial n} ds = \frac{-1}{2\pi} \iint_S u \frac{\partial G}{\partial n} ds \tag{4.11}$$

式（4.11）表明，仅截取部分衍射光场来分析光波的空间衍射分布行为，相当于设置了一个有限尺寸的衍射屏幕，衍射屏幕后的 $u = 0$，衍射屏幕周围的光场分布被舍弃。若用于刻画衍射光源或衍射光波，传播区域内的光场分布为

$$G_+(P_1) = \frac{\exp(jkr_{01})}{r_{01}} + \frac{\exp(jk\hat{r}_{01})}{\hat{r}_{01}} \tag{4.12}$$

并且在 S 上有 $\partial G_+(P_1)/\partial n = 0$，则有

$$u_{\mathrm{II}}(P_0) = \frac{1}{4\pi} \iint_S \frac{\partial u}{\partial n} \cdot G_+ ds = \frac{1}{2\pi} \iint_S \frac{\partial u}{\partial n} \cdot G ds \tag{4.13}$$

整理后有

$$\begin{cases} \dfrac{\partial G}{\partial n} \approx 2jk \cos(\boldsymbol{n}, \boldsymbol{r}_{01}) \dfrac{\exp(jkr_{01})}{r_{01}} \\ G_-(P_1) = 0 \end{cases} \tag{4.14}$$

代入 $u(P_0) = \iint_{S_1} \left(\dfrac{\partial u}{\partial n} \cdot G - u \cdot \dfrac{\partial G}{\partial n} \right) ds$ 后有

$$u_1(P_0) = \frac{1}{j\lambda} \iint_S u(P_1) \cdot \frac{\exp(jkr_{01})}{r_{01}} \cos(\boldsymbol{n}, \boldsymbol{r}_{01}) ds \tag{4.15}$$

将 S_1 面以 S 替换后有

$$u_1(P_0) = \frac{1}{j\lambda} \iint_S u(P_1) \cdot \frac{\exp(jkr_{01})}{r_{01}} \cos(\boldsymbol{n}, \boldsymbol{r}_{01}) ds \tag{4.16}$$

此处仅假设在衍射屏幕后的场分布为零。若在点 P_2 处（在 S 所界定的区域外）存在一点光源，则基于球面波表征的表达式为 $u(P_1) = A \cdot \exp(jkr_{21})/r_{21}$，故在衍射屏幕上，有

$$u_1(P_0) = \frac{A}{j\lambda} \iint_S u(P_1) \cdot \frac{\exp[jk(r_{01}+r_{21})]}{r_{21}r_{01}} \cos(\boldsymbol{n}, \boldsymbol{r}_{01}) ds \tag{4.17}$$

式（4.17）是用于本章算法设计与衍射相位数据体系与分布形态构建，执行激光光束空间整形与频谱空间分离等所需满足的基础解析关系和算法起点，也就是基本的菲涅耳-基尔霍夫衍射表达式。

4.2 常规近场与远场衍射积分变换

近场和远场划分主要基于对式（4.17）进行合理的简化操作进行。所述近场与现代光学中所指的几纳米至最大几百纳米距离尺度不同。在上述关系中存在两个可简化关系的位点，一是对分母距离 r_0 进行简化操作所约束的距离项，二是对 $\boldsymbol{k}r_0$ 项做简化操作所约束的距离项。由于

$$U(P_0) = \frac{1}{j\lambda} \iint_S U(P_1) \frac{\exp(jkr_{01})}{r_{01}} \cos\theta ds \tag{4.18}$$

式中：θ 为光入射面上的点 P_1 与观察面或衍射像面上的点 P_0 间的连线与光轴的夹角。

用 $\cos\theta$ 取代方向因子 $(1+\cos\theta)/2$，对应在衍射光场中通过设置有限尺寸的衍射屏幕，分析所约束的空间区域中的光场分布。通过将因子 1 用小于其数值的 $\cos\theta$ 来取代，意味着仅针对分布在所设置的衍射屏幕上的光能，讨论分析其空间分布特征。当 $\cos\theta = z/r_{01}$ 时，有

$$U(x,y) = \frac{z}{j\lambda} \iint_S U(\xi,\eta) \frac{\exp(jkr_{01})}{r_{01}^2} d\xi d\eta \tag{4.19}$$

式中：$r_{01} \approx z\left[1 + \frac{1}{2}(\frac{x-\xi}{z})^2 + \frac{1}{2}(\frac{y-\eta}{z})^2\right]$。

在下列讨论中，将基于 $r_{01} \gg \lambda$ 这一条件得到远场和近场即近距离衍射关系。

1. 近场近似

为了得到相对简单的衍射积分变换关系，引入由点 P_1 到点 P_2 间的距离 r_{01} 的简化表达式。由于

$$r_{01} = z\sqrt{1 + (\frac{x-\xi}{z})^2 + (\frac{y-\eta}{z})^2} \tag{4.20}$$

展开后有

$$r_{01} \approx z\left[1 + \frac{1}{2}(\frac{x-\xi}{z})^2 + \frac{1}{2}(\frac{y-\eta}{z})^2\right] \tag{4.21}$$

在式（4.21）中仅将 r_{01} 取近似到第二项。针对衍射光场表达式中的指数部分，由于波矢量 k 与 r_{01} 的乘积较大（$k=2\pi/\lambda$），仅取到第二项以有效降低近似操作后的误差程度和范围。基于上述考虑，有

$$U(x,y) = \frac{e^{jkz}}{j\lambda z} \int\int_{-\infty}^{\infty} U(\xi,\eta) \exp\left\{j\frac{k}{2z}[(x-\xi)^2 + (y-\eta)^2]\right\} d\xi d\eta \quad (4.22)$$

将 $\exp[jk(x^2+y^2)/2z]$ 提出后，有

$$U(x,y) = \frac{e^{jkz}}{j\lambda z} e^{j\frac{k}{2z}(x^2+y^2)} \int\int_{-\infty}^{\infty} \left\{U(\xi,\eta) e^{j\frac{k}{2z}(\xi^2+\eta^2)}\right\} e^{-j\frac{2\pi}{\lambda z}(x\xi+y\eta)} d\xi d\eta \quad (4.23)$$

式（4.23）即为近场衍射所应遵循的基本积分变换关系。

2. 远场近似

当衍射结构的特征尺寸较光源及观察距离均为小量时，衍射光场的情形见下列分析。由近场衍射关系式（4.23）可知，在观察面上的场分布 $U(x,y)$，可由入射结构上的场分布 $U(\xi,\eta)$ 与二次项相位函数 $\exp[jk(\xi^2+\eta^2)/2z]$ 乘积的傅里叶变换得到。若

$$z = \frac{k(\xi^2+\eta^2)_{\max}}{2} \quad (4.24)$$

则复杂的衍射积分变换可简化成一个简单的二维傅里叶变换，也就是常规的远场衍射，即

$$U(x,y) = \frac{e^{jkz}}{j\lambda z} \cdot e^{j\frac{k}{2z}(x^2+y^2)} \int\int_{-\infty}^{\infty} U(\xi,\eta) \exp[-j\frac{2\pi}{\lambda z}(x\xi+y\eta)] d\xi d\eta \quad (4.25)$$

若空间频率为 $f_x = x/\lambda z$ 以及 $f_y = y/\lambda z$，则可以进一步得到下列关系，即

$$U(x,y) = \frac{e^{jkz}}{j\lambda z} e^{j\frac{k}{2z}(x^2+y^2)} \left\{\int\int_{-\infty}^{\infty} U(\xi,\eta) \exp(-2\pi(f_x\xi+f_y\eta)) d\xi d\eta\right\}\bigg|_{x=\frac{f_x}{\lambda z}, y=\frac{f_y}{\lambda z}}$$

$$\Rightarrow U(x,y) = \frac{e^{jkz}}{j\lambda z} e^{j\frac{k}{2z}(x^2+y^2)} \cdot F\{U(\xi,\eta)\}\bigg|_{x=\frac{f_x}{\lambda z}, y=\frac{f_y}{\lambda z}}$$

$$(4.26)$$

式（4.26）即为远场衍射关系的二维傅里叶变换表征。表 4.2 列出了典型的衍射分类及其表达式。

表 4.2 典型的衍射分类及其表达式

衍射类别	基本关系
菲涅耳	$U(x,y) = \frac{e^{jkz}}{j\lambda z} e^{j\frac{k}{2z}(x^2+y^2)} \int\int_{-\infty}^{\infty} \left\{U(\xi,\eta) e^{j\frac{k}{2z}(\xi^2+\eta^2)}\right\} e^{-j\frac{2\pi}{\lambda z}(x\xi+y\eta)} d\xi d\eta$
夫琅和费	$U(x,y) = \frac{e^{jkz}}{j\lambda z} \cdot e^{j\frac{k}{2z}(x^2+y^2)} \int\int_{-\infty}^{\infty} U(\xi,\eta) \exp[-j\frac{2\pi}{\lambda z}(x\xi+y\eta)] d\xi d\eta$

4.3 衍射结构设计算法

基于衍射微光学相位结构执行相干激光光束的整形与频谱空间分离操作,其实质是根据给定的光能空间分布,约束输入和输出条件,求解逆衍射相位结构的数据体系。为了实现高斯激光光束向所设定的复杂光场形态转换这一目的,可采用图 4.1 所示的执行高斯相干激光光束来衍射整形与频谱空间分离的光学架构,图中的 P_1 表示高斯激光光束的输入平面上的一个位点,P_2 表示高斯激光光束变换后的衍射像面或观察面上的一个位点。衍射微光学相位结构被置于点 P_1 所在的输入面上,其相位分布函数被设为 $\varphi(x,y)$。

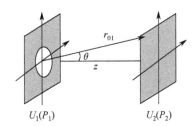

图 4.1 执行高斯相干激光光束衍射整形与频谱空间分离的光学架构

如果 $f(x,y)$ 为所输入的高斯激光光束,则设计衍射微光学相位结构的关键性环节是:寻求最优的相位分布。通过衍射微光学相位结构的光波相位调制作用,使输出到点 P_2 面上的实振幅分布 $g(\xi,\eta)$(对应光强分布),与所要求的特定实振幅分布 $g_{obj}(\xi,\eta)$ 间的偏差为最小。迄今为止已发展了多种可有效实现相位寻优的算法,如前所述的 GS 算法、遗传算法、模拟退火算法以及多个这些算法的融合算法等。遗传算法和模拟退火算法属全局寻优算法,耗时长且占用大量内存。当所涉及的问题是二维情形时,问题将更为突出。研究表明,GS 算法以及改进的迭代傅里叶算法,均可以快速收敛得到相对优化的相位结构体系。采用 GS 算法构建衍射微光学相位结构的情形见下列内容。

如果入射光束的复振幅为

$$W(u,v) = A(u,v)e^{j\varphi(u,v)} \tag{4.27}$$

在衍射像面或观察面上的复振幅为

$$F(\xi,\eta) = B(\xi,\eta)e^{j\varphi(\xi,\eta)} \tag{4.28}$$

式中:$A_0(u,v)$ 和 $B(\xi,\eta)$ 均为振幅函数;$\varphi(u,v)$ 和 $\varphi(\xi,\eta)$ 为相位函数。令 $g_0(u,v)$ 表示入射光束的相位分布,则入射相干光束通过衍射微光学结构后,其相位可表示为 $\varphi(u,v) = g(u,v) + g_0(u,v)$。在标量衍射理论中,高斯光束的振幅与通过衍射微光学相位结构后,在衍射像面上所形成的振幅分布,满足菲涅耳变换关系,即

$$F(\xi,\eta) = -\frac{jk}{2\pi z} e^{jkz} \int\int_{-\infty}^{\infty} W(u,v) H(u-\xi, v-\eta, z) du dv \quad (4.29)$$

式中：$H(u-\xi, v-\eta, z) = \exp\left\{\frac{jk}{2z}[(u-\xi)^2 + (v-\eta)^2]\right\}$，是自由空间脉冲响应函数的菲涅耳近似；$z$ 表征衍射微光学相位结构与观察面间的距离。如果观察面距离衍射微光学相位结构较远，或被配置在辅助物镜的焦面处，则菲涅耳衍射近似可用夫琅和费衍射关系取代。

入射高斯光束通过衍射微光学相位结构后，因其相位被调制并按预设衍射方式在空间传播，在观察面上将形成特定的振幅或光强分布。欲使所得到的振幅分布与理想情形相一致，则要求优化衍射微光学结构的相位数据及其空间排布形态。针对上述要求所执行的 GS 算法流程框图如图 4.2 所示。

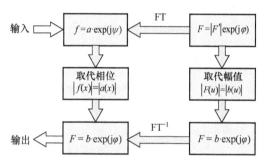

图 4.2 GS 算法流程框图

当入射高斯光束的振幅分布为 $A_0(u,v)$，在像面上所设定的光强或图像分布为 $I_0(\xi,\eta)$，则计算过程如下（仅为前述章节相关过程的专门化处理）。

（1）选择衍射微光学相位结构的初始相位 $\varphi_0(u,v)$（作为预估值）。

（2）用式（4.29）对函数 $A_0(u,v)\exp[j\varphi_0(u,v)]$ 进行积分变换。

（3）在成像面上所设定的复振幅函数取 $F(\xi,\eta)$，其相位分布函数可表示为 $F(\xi,\eta)/|F(\xi,\eta)|$，用要求得到的目标图像即光强分布或所设定的复振幅函数替换上述的复振幅，即

$$\overline{F}(\xi,\eta) = B_0(\xi,\eta) F(\xi,\eta) |F(\xi,\eta)|^{-1} \quad (4.30)$$

式中：$B_0(\xi,\eta) = \sqrt{I_0(\xi,\eta)}$；$I_0(\xi,\eta)$ 为目标振幅函数或光强空间分布。

（4）对函数 $\overline{F}(\xi,\eta)$ 进行逆变换，即

$$W(u,v) = \frac{jk}{2\pi z} e^{-jkz} \int\int_{-\infty}^{\infty} F(\xi,\eta) H^*(\xi-u, \eta-v, z) d\xi d\eta \quad (4.31)$$

（5）在衍射微光学相位结构表面所要得到的复振幅 $W(u,v)$，按下式被 $\overline{W}(u,v)$ 替换，即

$$\overline{W}(u,v) = \begin{cases} A_0(u,v)W(u,v)|W(u,v)|^{-1}, & (u,v) \in Q_0 \\ 0, & (u,v) \notin Q_0 \end{cases} \quad (4.32)$$

（6）转到第（2）步。

以上循环一直持续到所用的误差函数足够小为止，并最终得到衍射微光学结构的最佳相位分布 $\varphi(u,v)$。被选作为终止迭代的误差函数为衍射效率和其均方差，即

$$\eta = \frac{\iint\limits_{-\infty}^{\infty}[|W(\xi,\eta)|]^2 \mathrm{d}\xi\mathrm{d}\eta}{\iint\limits_{-\infty}^{\infty}A_0(\xi,\eta)^2 \mathrm{d}\xi\mathrm{d}\eta} \quad (4.33)$$

$$\delta^2 = \frac{\iint\limits_{-\infty}^{\infty}[|W(\xi,\eta)| - A_0(\xi,\eta)]^2 \mathrm{d}\xi\mathrm{d}\eta}{\iint\limits_{-\infty}^{\infty}A_0(\xi,\eta)^2 \mathrm{d}\xi\mathrm{d}\eta} \quad (4.34)$$

选择远场情形下的目标图形或光强分布为雪花形和圆环形，衍射微光学相位结构采用边长为 D 的正方形光瞳，高斯激光光束的中心波长为532nm，输出面上的图像像素尺寸为13μm×13μm，输入和输出面上的采样点数均为256×256。所输入的圆形轮廓高斯激光光束的表达式为

$$f(x,y) = \exp\left[\frac{-(x^2+y^2)}{w_0^2}\right] \quad (4.35)$$

其束腰半径 w_0=0.99mm，仿真构建的衍射相位结构及其空间分布和光束形貌如图4.3和图4.4所示。

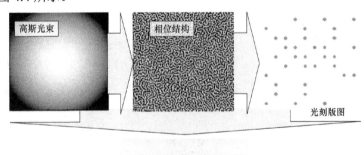

图4.3 将中心波长为532nm的高斯激光光束通过衍射微光学相位结构变换成远场雪花形

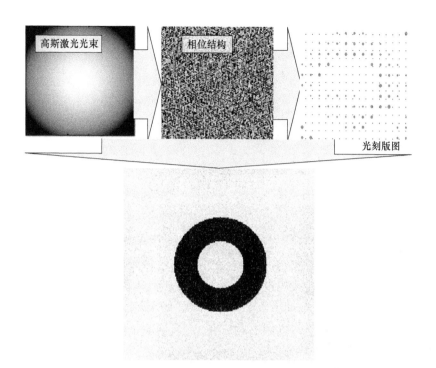

图4.4 将中心波长为532nm的高斯激光光束通过衍射微光学相位结构变换成远场圆环形

4.4 基于远场衍射的频谱空间分离

常规的衍射微光学相位结构仅能对具有特定带宽并由某一中心频率或波长界定的相干光束有效执行衍射变换操控。在其他频率或波长处的入射光束，通过衍射相位结构时，将难以得到与所设定的频率或波长具有同等衍射变换效能的图形图像形态。与所设定的中心波长相差越大，所能得到的衍射光强分布会与理想情形相差越大，直至丧失可觉察的衍射变换作用为止。有效设计和获取用于执行频谱空间分离操作的衍射微光学相位结构，目前已成为发展衍射微光学空间变换操控技术的一项重要内容。

采用加权平均策略和GS算法，设计可以使包括多个频率或波长成分的相干入射光束，在同一衍射像面上分离成图的衍射微光学相位结构。各波长成分所对应的衍射图案可以任意设定，其位置也可以依据任务目标任意排布。图4.5所示为通过衍射微光学相位结构将多波长入射光束分离排布成不同孔径的远场圆环。由图4.5可见，三个频谱成分的入射光束被分离到了预定空间区域，衍射效率均在85%以上。仿真模拟显示，用标量衍射理论设计上述衍射微光学相位结构时，具有计算量小、易于收敛、衍射结构的相位数据及其空间排布易于调整和优化等特点。

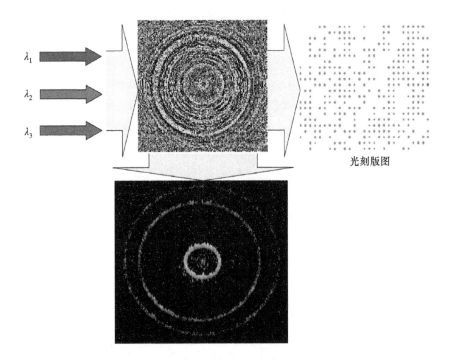

图 4.5 通过衍射微光学相位结构将多波长入射光束分离排布成不同孔径的远场圆环

一般而言，通过上述算法所能获得的衍射微光学相位结构，其相位数据及其空间分布均为理想情况。考虑到现有工艺条件和材料水平，在实际制作用于特定目的的衍射微光学相位结构时，均会将部分甚至在一些极端情况下可能起到决定性作用的相位结构舍弃，以利于相位量化及工艺实现，从而造成所实现的衍射效能较仿真情形显著降低甚至完全不同等结果。

上述仿真实例尽管已显示出较高的衍射效率和较强的衍射变换效能，考虑到在后续基于微米级工艺的衍射相位结构制作过程中，将仅能提取有限数量的衍射相位数据，其空间决定性分布效能将受到极大约束，从而导致所产生的强度图像或光波振幅分布，会不同程度地丢失细节信息，使图形图像清晰度下降、可视性减小、空间分辨率降低，甚至出现因衍射效能大幅下降而产生模糊图形图像等现象。在一些特殊应用场合，这一缺陷甚至可能是致命的。

为了解决上述问题，进一步发展了具有准连续相位分布的、基于纳米级工艺的衍射微光学相位结构的算法生成及模拟仿真方法，期望通过大幅缩小衍射光斑的结构尺寸，提高衍射波束的空间聚集效能等措施来显著提高衍射效率，提高图形图像的显示清晰度和空间分辨能力，从而显著改善和增强高斯激光光束的衍射变换与频谱空间分离效能。

4.5 准连续相位分布的衍射微光学结构

随着衍射微光学理论与实验技术的持续快速发展，迄今为止，具有准连续相位分布特征的衍射微纳光学结构，因其所具有的衍射效率高、设计自由度丰富、材料选择范围宽、光学性能独特等特性，使其成为一个热点研究内容，受到广泛关注。其中的一个关键性环节是：建立能够有效生成具有准连续相位分布的衍射微光学相位数据体系构建算法。

一般而言，设计衍射光学相位结构所面临的核心问题是：已知入射光场的复振幅分布，建立高效率的光衍射传播模型，求解衍射光学相位结构的表面微纳精细结构数据及其空间排布形态，使入射光场经衍射光学相位结构的高效相位调控，在衍射像面或观察面上，产生所期望的光强分布即图形图像。依据衍射光学相位结构的形态尺寸特征及其与光波传播行为间的关系属性，针对衍射光学结构的设计方法可大致归为三类：①几何光学近似；②标量衍射理论；③矢量衍射理论。基于不同设计理念，目前已衍生出多种设计算法。详情见下述内容。

当衍射光学结构的特征尺寸远大于光波长时，可以通过几何光学方法近似估算基于目标光场特征的精细衍射图形结构特征参数。光程差法就是基于几何光学近似的常用方法。衍射光学结构的特征尺寸远大于光波长时，使用标量衍射方法通常可以得到与实际情况较为符合或接近的结果。基于标量衍射方法设计衍射光学结构，通常以求解衍射传递函数方式进行。一般是对瑞利-索末菲衍射函数进行简化近似，得到易于求解的菲涅耳或夫琅和费光场分布。

基于标量衍射方法的常用设计算法包括：①通过傅里叶变换或其他线性变换的有限迭代法。这类算法首先通过对初始相位进行估计并代入算法系统后，输出与理想输出相异的相对误差函数；进一步将其反馈到输入端，经过一定的迭代循环，待输出趋于稳定后得到所需要的相位解，如 GS 算法和输入输出算法等。②基于搜索极值的优化算法，如共轭梯度法、模拟退火算法、遗传算法或 YG 算法等。这类方法的基本思路是：将衍射光学结构看作泛函空间中的一些构形，期望通过优化过程将这些构形向优化解方向推进。

当衍射光学结构的特征尺寸为波长级甚至亚波长级时，即通常所说的衍射微光学结构，标量衍射理论中的假设和近似将失效。光波的矢量性、偏振性以及以偏振形式所表现的光波间的互作用属性，将对光波的衍射变换效能起到决定性作用。此时应基于麦克斯韦方程组的严格电磁波矢量衍射理论，分析衍射光场情况。常用的矢量衍射方法包括严格耦合波分析、模态法以及时域有限差分法等。其特点是显示数据量大、运算复杂、应用受限等。目前主要用于分析亚波长、纳米级尺度的精细化和功能特殊的微纳光学结构或元件等设计场合，如典型的微纳光波导、微纳衍射光栅、纳米光学光电信息存储和光敏架构、基于纳米结构的光谱变换与显示、基于纳米尺度光学超构表面与功能结构的高效光操控等。在下列内容中，通过比较分析一些常用算法的性能特点，提出用于衍射微光学相位结构的设计思路和算法考虑。

4.5.1 光程差算法

光程差算法以几何光学原理为出发点，开展具有波长依赖性的衍射现象的分析评估和衍射相位结构设计。当一束平行光经过一个理想轮廓的聚焦透镜后，将被汇聚在透镜的焦点处。由于一束光线从入射平面到焦点具有等光程性，波前间各点的相位变化相同。2π 整数倍的相位改变对于波前而言呈现等效性，与 2π 整数倍的相位改变对应的透镜厚度变化，对聚焦而言同样失去存在价值。基于上述特性，可以利用菲涅耳波带结构开展基于衍射相位配置的薄型化结构设计，从而显著减小器件的外形体积和重量，如图 4.6 所示的典型平凸聚光透镜基于菲涅耳结构薄型化设计。

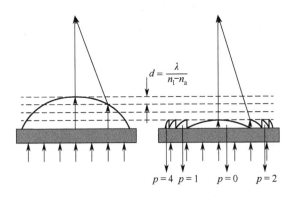

图 4.6　典型平凸聚光透镜基于菲涅耳结构薄型化设计

基于菲涅耳波带结构的聚焦入射光束如图 4.7 所示。菲涅耳结构的焦点被设为结构 O 点，焦距为 f。由结构中心向外环形扩展的各菲涅耳波带区的编号 p 从 0 开始递增。因菲涅耳波带结构满足 $f_j - f = t\lambda$ ($t=0,1,2,\cdots$) 以及 $r_j^2 + f^2 = f_t^2$ 关系，故有

$$r_t = \sqrt{2t\lambda f + (t\lambda)^2} \tag{4.36}$$

基于菲涅耳结构的表面轮廓如图 4.8 所示。菲涅耳结构的最大厚度 d 满足下列关系，即

$$d = \frac{\lambda}{n_1 - n_a} \tag{4.37}$$

$$\Delta d = d - h \tag{4.38}$$

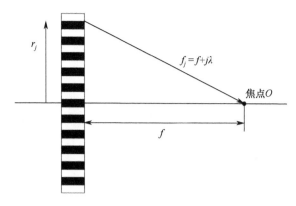

图 4.7 基于菲涅耳波带结构的聚焦入射光束

$$n_1 \cdot d = n_a \cdot \Delta k + n_1 \cdot \Delta d \tag{4.39}$$

$$n_a \cdot \Delta k = n_a \cdot \sqrt{r_t^2 + F^2} - n_a \cdot f - t \cdot p \cdot \lambda \tag{4.40}$$

式中：$F = f + h$；n_1 为透镜折射率；n_a 为空气折射率；p 为正整数。

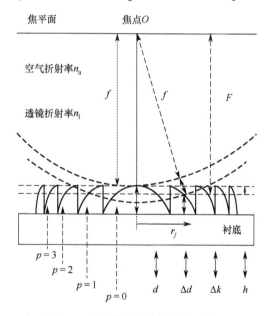

图 4.8 基于菲涅耳结构的表面轮廓

进而可得到深度为 h 以 r_t 为参数的二元展开，即

$$\left[\left(\frac{n_1^2}{n_a^2}\right) - 1\right] \cdot h(r_t)^2 + 2\left[\left(\frac{n_1 \cdot f}{n_a}\right) - f + \left(\frac{t \cdot p \cdot \lambda \cdot n_1}{n_a^2}\right)\right] \cdot h(r_t) + \left(f + \frac{j \cdot p \cdot \lambda}{n_a}\right)^2 - f^2 - r_j^2 = 0 \tag{4.41}$$

以及衍射结构的表面轮廓函数 $h(r_t)$，其表达式为

$$h(r_t) = \frac{-b + \sqrt{b^2 - ac}}{a} \tag{4.42}$$

式中：$a = \frac{n_1^2}{n_a^2} - 1$；$b = \frac{n_1}{n_a} \cdot f - f + \frac{t \cdot p \cdot \lambda \cdot n_1}{n_a^2}$；$c = \left(f + \frac{t \cdot p \cdot \lambda}{n_a}\right)^2 - f^2 - r_t^2$。在上述基础上，即可以设计面向波长 λ、材料折射率 n_1、半径 r 及焦距 f 的衍射聚光结构。

4.5.2 GS 算法

GS 算法是一种串行迭代算法，其收敛性取决于权重或归一化参数的某些特殊值的选取情况。利用该算法设计的衍射相位结构与用于光束整形的衍射微光学相位结构的情况类似，迄今为止所进行的大量工作展现了多种多样的研究成果。本节仅讨论使用 GS 算法设计可将高斯光束整形成极细光斑，即期望得到极高的光能空间汇聚度或极高衍射效率，从而具有极高空间分辨率这样的结果。光波的衍射传递示意图如图 4.9 所示。

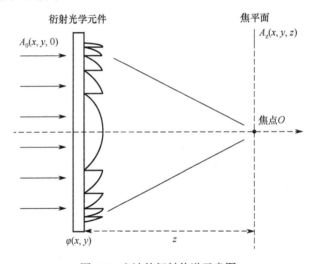

图 4.9 光波的衍射传递示意图

由图 4.9 可见，设入射光波的复振幅分布为 $A_0(x, y, 0)$，经过衍射光学结构后的复振幅分布为 $U_0(x, y, 0)$，距衍射光学结构为 z 的衍射像面上的光波复振幅分布为 $U_z(x, y, z)$，目标光强分布为 $I_z(x, y, z)$，如果选择瑞利-索末菲衍射函数或基尔霍夫衍射函数作为衍射积分变换函数，则 GS 算法的计算流程如下。

（1）若衍射光学元件的初始相位估计为 $\varphi_0(x, y)$，则

$$U_0(x, y, 0) = A_0(x, y, 0) \exp\left[j\varphi_0(x, y)\right]$$

(2)对 $U_0(x,y,0)$ 进行衍射积分变换,得到焦面上的复振幅分布 $U_z(x,y,z)$。

(3)将焦面上的复振幅 $U_z(x,y,z)$ 用下式替换成 $U'_z(x,y,z)$,即

$$U'_z(x,y,z) = A_z(x,y,z)U_z(x,y,z)|U_z(x,y,z)|^{-1}$$

其中,$A_z(x,y,z) = \sqrt{I_z(x,y,z)}$。

(4)对 $U'_z(x,y,z)$ 进行逆衍射积分变换,得到入射面上的复振幅 $U'_0(x,y,0)$。

(5)将 $U'_0(x,y,0)$ 按下列要求替换为 $U_0(x,y,0)$,即

$$U_0(x,y,0) = \begin{cases} A_0(x,y,0)U'_0(x,y,0)|U'_0(x,y,0)|^{-1}, & (x,y) \in Q_0 \\ 0, & (x,y) \notin Q_0 \end{cases}$$

(6)判断循环是否结束。如果计算误差函数所得到的误差足够小,或者迭代达到规定次数,则终止迭代;否则转到第(2)步继续执行。

其算法流程框图如图 4.10 所示。

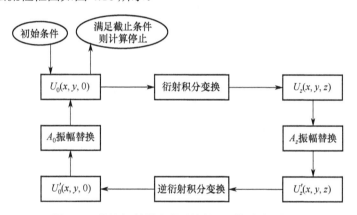

图 4.10 设计衍射微光学结构的 GS 算法流程框图

4.5.3 模拟退火算法

模拟退火算法最初主要用于模拟固体加热熔化后降温结晶这一热过程。适合于求解非线性优化问题的全局最优解,可以极大提高搜索效率以及得到最优解的概率,在衍射光学结构的设计中已有较多应用,如用于设计图像识别中的二元纯相位滤波器以及具有图像生成功能的全息结构等。

在执行模拟退火算法过程中,当温度较高时,其搜索落入局部最优解时将有较大概率跳出,并继续寻找其他最优解。随着退火过程的持续进行,温度降低后其状态趋于稳定,可得到全局最优解或与其最为接近的最优解。模拟退火算法以直接搜索方式,通过利用玻耳兹曼概率分布函数来描述跳出局部最优解的概率。玻耳兹曼概率函数可表示为 $P(E_i) = \dfrac{1}{\exp[E_i/(k_b \cdot T)]}$,其中,$T$ 为退火温度;E_i 为

该温度下的分子动能；k_b 为玻耳兹曼常数；$P(E_i)$ 为 E_i 能态下的概率。

在模拟退火算法中，将 E_i 改为 ΔE_i，表示系统所获得的可行解变动前后的函数值差。将 k_b 设为 1，即有 $P(\Delta E_i) = \exp(\Delta E_i/T)$，$P(\Delta E_i)$ 为接受变动后的可行解取代当前可行解的概率。当执行目标是求取最大值时，需用 $-\Delta E_i$ 代替 ΔE_i。

为了判断是否接受变动，需要给出一个分布在 0~1 间的随机参数 R。当 $R < P(\Delta E_i)$ 时，变动后的可行解将取代变动前的可行解。当 $R \geqslant P(\Delta E_i)$ 时，不接受变动的可行解，将取代变动前的可行解。该过程能够避免直接搜索方式易陷入局部最优解这一缺点，不易产生收敛停滞现象。

在设计衍射光学结构过程中，一般选取均方根误差作为误差函数，即

$$\text{SSE} = \frac{\sum_{k=1}^{M}\left(\left\|U_z(k)\right\|^2 - I_z(k)\right)}{\sum_{k=1}^{M} I_z(k)}$$

，其中，M 为输出面上的离散点数；U_z 为实际输出光波的复振幅分布；I_z 为目标光强。典型模拟退火算法的流程框图如图 4.11 所示。

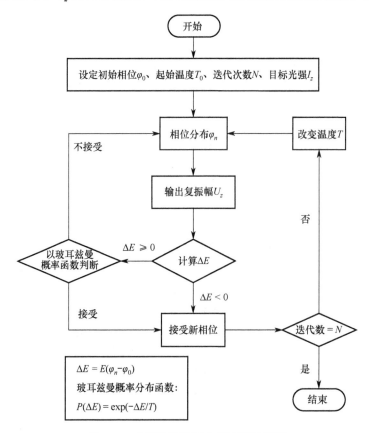

图 4.11　典型的模拟退火算法流程框图

4.5.4 时域有限差分法

时域有限差分法最早由 Kane S.Yee 等人于 1996 年提出。经过近些年的发展和完善，目前已成为一种获得广泛运用的电磁场数值计算法。其工作原理是：在一个有限体积的计算空间内，用二阶精度的中心差分方程将麦克斯韦旋度方程组离散化。通过加入网格设置，在时域上模拟电磁波在空域中的传播。目前在光学领域主要用于光学光电元件的结构和性能分析，如光栅、衍射微透镜及光波导等。

4.5.5 基于角谱的串行迭代算法

通常情况下，基于标量理论的衍射光学结构设计算法，不适用于具有波长或亚波长特征尺度的衍射微光学结构。研究发现，使用迭代角谱算法所设计的具有旋转对称性的波长或亚波长特征尺度衍射微光学结构，也可以得到与矢量法相接近的结果。基于自迭代算法或者一种矢量角谱法，设计用于相干光束整形与空间变换的衍射微光学结构，较传统标量设计理论（如 GS 算法和输入输出算法等）表现出更优的均方差及衍射效率。

使用角谱理论研究光的衍射传播问题时，将传播光场进行了平面波分解，也就是常规的基于空间频谱分布的傅里叶变换。使传输光波在某一平面上的动态光场分布，被视为具有不同空间传播频率和振幅的行进平面波的叠加拟合。本节分析阐述了基于角谱理论，用于设计具有波长及亚波长特征尺度的衍射微光学结构的算法流程。

平面光波是波动方程的一种基本解，沿 $\boldsymbol{k}$ 向传播的单色平面光波，在光场中的 $P(x,y,z)$ 点产生的复振幅为

$$U(x,y,z) = a \cdot \exp\left[j\boldsymbol{k}(x\cos\alpha + y\cos\beta + z\cos\gamma)\right] \quad (4.43)$$

式中：a 为常量振幅；$\cos\alpha$、$\cos\beta$、$\cos\gamma$ 为光传播方向上的方向余弦，满足 $\cos^2\alpha + \cos^2\beta + \cos^2\gamma = 1$ 关系。式（4.43）可进一步改写为 $U(x,y,z) = a \cdot \exp\left[j\boldsymbol{k}z\sqrt{1-\cos^2\alpha-\cos^2\beta}\right]\exp\left[j\boldsymbol{k}(x\cos\alpha + y\cos\beta)\right]$。选取垂直于 z 轴的 xy 平面，令 $A = a \cdot \exp\left[j\boldsymbol{k}z\sqrt{1-\cos^2\alpha-\cos^2\beta}\right]$ 为复数常量，则 xy 平面上的复振幅分布可表示为

$$U(x,y) = A \cdot \exp\left[j\boldsymbol{k}(x\cos\alpha + y\cos\beta)\right] \quad (4.44)$$

对于平面光波，其 x 和 y 方向上的空间频率分别为 $f_x = \dfrac{\cos\alpha}{\lambda}$ 和 $f_y = \dfrac{\cos\beta}{\lambda}$，代入式（4.44）后，有

$$U(x,y) = A \cdot \exp\left[j2\pi(f_x x + f_y y)\right] \quad (4.45)$$

对 xy 平面上的复振幅分布 $U(x,y)$ 进行傅里叶变换，有

$$U(x,y) = \iint_{-\infty}^{+\infty} A(f_x,f_y) \cdot \exp\left[j2\pi(f_x x + f_y y)\right] df_x df_y \quad (4.46)$$

$U(x,y)$ 可视为不同频率复指数分量的线性组合，各频率分量的权重因子为频谱 $A(f_x,f_y)$，即

$$A(f_x,f_y) = \iint_{-\infty}^{+\infty} U(x,y) \cdot \exp\left[-j2\pi(f_x x + f_y y)\right] dx dy \quad (4.47)$$

式中：$f_x = \dfrac{\cos\alpha}{\lambda}$；$f_y = \dfrac{\cos\beta}{\lambda}$。将频谱 $A\left(\dfrac{\cos\alpha}{\lambda}, \dfrac{\cos\beta}{\lambda}\right)$ 称为 xy 平面上复振幅分布的角谱。角谱法通常适用于具有旋转对称的衍射微光学结构，通过分析某一子午面上的波场特征，就能对光波在光学架构中的传播行为进行总体把控。

由式（4.46）可知，单色光波在某一平面上的复振幅分布可视为在不同方向传播的单色平面波成分的线性叠加。平面波成分的振幅和相位的取值取决于角谱的模和幅角。依据平面波角谱理论，对于衍射传播进程，输入平面和衍射像面上的复振幅分布，均可以分解为沿各不同方向传播的、具有不同权重的各单色平面波成分的线性叠加。因此，通过计算两平面上的角谱对应关系，就能得到光波由输入面传播到衍射像面的定量演化关系。

图 4.12 所示为衍射光波的角谱传递示意图。设光波在入射平面后表面上的复振幅分布函数为 $U_0(x,y)$，观察面上的复振幅分布函数为 $U_z(x,y)$，两平面间的距离为 z，则空域标量衍射关系可用下式表示，即

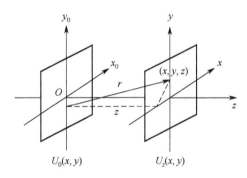

图 4.12　衍射光波的角谱传递示意图

$$U_z(x,y) = \frac{1}{j\lambda} \iint_S U_0(x,y) \frac{\exp(jkr)}{r} K(\theta) ds \quad (4.48)$$

式中：$K(\theta) = \dfrac{1+\cos(n,r)}{2}$ 时满足菲涅耳-基尔霍夫衍射关系，$K(\theta) = \cos(n,r)$ 时满足瑞利-索末菲衍射关系。式（4.48）显示，衍射场中的复振幅分布 $U_z(x,y)$ 是通光孔 S 上的复振幅分布 $U_0(x,y)$ 在空间传播的结果。$U_0(x,y)$ 只在 S 内有值，

在其他区域中的取值为 0。因此，可将式（4.48）中的积分域扩大到整个平面，从而有

$$U_z(x,y) = \frac{1}{j\lambda} \iint_{-\infty}^{+\infty} U_0(x,y) \frac{\exp(jkr)}{r} K(\theta) \mathrm{d}x\mathrm{d}y \tag{4.49}$$

设 $G_0(\varepsilon,\eta)$ 和 $G_z(\varepsilon,\eta)$ 分别是 $U_0(x,y)$ 和 $U_z(x,y)$ 的频谱函数，根据傅里叶变换关系，即

$$G_0(\varepsilon,\eta) = \iint_{-\infty}^{\infty} U_0(x,y) \exp[-j2\pi(\varepsilon x + \eta y)] \mathrm{d}x\mathrm{d}y$$

$$G_z(\varepsilon,\eta) = \iint_{-\infty}^{\infty} U_z(x,y) \exp[-j2\pi(\varepsilon x + \eta y)] \mathrm{d}x\mathrm{d}y$$

$$U_0(x,y) = \iint_{-\infty}^{\infty} G_0(\varepsilon,\eta) \exp[j2\pi(\varepsilon x + \eta y)] \mathrm{d}\varepsilon\mathrm{d}\eta$$

$$U_z(x,y) = \iint_{-\infty}^{\infty} G_z(\varepsilon,\eta) \exp[j2\pi(\varepsilon x + \eta y)] \mathrm{d}\varepsilon\mathrm{d}\eta$$

在空域中的复振幅函数 $U_0(x,y)$ 到 $U_z(x,y)$ 的衍射传播，在频率域中对应于角谱 $G_0(\varepsilon,\eta)$ 到 $G_z(\varepsilon,\eta)$ 的递推演化。

在所有无源点上，U 必须满足方程 $(\nabla^2 + k^2)U = 0$。将 $U_z(x,y)$ 代入该方程，有

$$(\nabla^2 + k^2)U(x,y,z) = \iint_{-\infty}^{\infty} (\nabla^2 + k^2)\{G_z(\varepsilon,\eta) \exp[j2\pi(\varepsilon x + \eta y)]\} \mathrm{d}\varepsilon\mathrm{d}\eta = 0$$

即

$$(\nabla^2 + k^2)\{G_z(\varepsilon,\eta) \exp[j2\pi(\varepsilon x + \eta y)]\} = 0 \tag{4.50}$$

式中：$\nabla^2 U = \nabla \cdot \nabla U = \frac{\partial^2 U}{\partial x^2} + \frac{\partial^2 U}{\partial y^2} + \frac{\partial^2 U}{\partial z^2}$ 为拉普拉斯算子。

因 $G_z(\varepsilon,\eta)$ 在空域中仅是 z 的函数，故有

$$\frac{\partial^2}{\partial x^2} G_z(\varepsilon,\eta) = \frac{\partial^2}{\partial y^2} G_z(\varepsilon,\eta) = 0 \text{ 及 } \frac{\partial^2}{\partial z^2} G_z(\varepsilon,\eta) = \frac{\mathrm{d}^2}{\mathrm{d}z^2} G_z(\varepsilon,\eta)$$

对于指数 $\exp[j2\pi(\varepsilon x + \eta y)]$，有

$$\frac{\partial^2}{\partial x^2} \exp[j2\pi(\varepsilon x + \eta y)] = (j2\pi\varepsilon)^2 \exp[j2\pi(\varepsilon x + \eta y)]$$

$$\frac{\partial^2}{\partial y^2} \exp[j2\pi(\varepsilon x + \eta y)] = (j2\pi\eta)^2 \exp[j2\pi(\varepsilon x + \eta y)]$$

$$\frac{\partial^2}{\partial z^2} \exp[j2\pi(\varepsilon x + \eta y)] = 0$$

将上述关系式代入式（4.50）后，有

$$\frac{\mathrm{d}^2}{\mathrm{d}z^2} G_z(\varepsilon,\eta) + \left(\frac{2\pi}{\lambda}\right)^2 \left[1 - (\lambda\varepsilon)^2 - (\lambda\eta)^2\right] G_z(\varepsilon,\eta) = 0 \tag{4.51}$$

式（4.51）为二阶齐次方程，$G_0(\varepsilon,\eta)$ 是该方程在 $z=0$ 时的特解。于是方程的一个基本解为

$$G_z(\varepsilon,\eta) = G_0(\varepsilon,\eta) \exp\left[jkz\sqrt{1-(\lambda\varepsilon)^2-(\lambda\eta)^2} \right] \tag{4.52}$$

由式（4.52）有

$$G_0(\varepsilon,\eta) = G_z(\varepsilon,\eta) \exp\left[-jkz\sqrt{1-(\lambda\varepsilon)^2-(\lambda\eta)^2} \right] \tag{4.53}$$

式中：$k=\dfrac{2\pi}{\lambda}$ 为角波数。式（4.52）反映了角谱 $G_0(\varepsilon,\eta)$ 和 $G_z(\varepsilon,\eta)$ 间的正向传播关系，式（4.53）则显示了角谱 $G_0(\varepsilon,\eta)$ 和 $G_z(\varepsilon,\eta)$ 间的逆向传播行为。

依据 $G_0(\varepsilon,\eta)$ 和 $G_z(\varepsilon,\eta)$ 间的传播关系式（4.52），可使用串行迭代算法进行衍射微光学结构的设计，算法流程如下。

（1）任意选择衍射微光学元件的初始相位估计为 $\varphi_0(x,y)$，入射光束的振幅分布为 $A_0(x,y)$。

（2）对函数 $U_0(x,y) = A_0(x,y) \cdot \varphi_0(x,y)$ 进行傅里叶变换，得到 $G_0(\varepsilon,\eta)$。

（3）用式（4.52）计算衍射像面或观察面上的频谱函数 $G_z(\varepsilon,\eta)$，对 $G_z(\varepsilon,\eta)$ 进行逆傅里叶变换得到 $U_z(x,y)$。

（4）用目标图像的振幅分布 $A(x,y)$ 替换 $U_z(x,y)$ 的振幅分布得到 $U_z'(x,y)$，即 $U_z'(x,y) = A(x,y)U_z(x,y)|U_z(x,y)|^{-1}$，其中的 $A(x,y) = \sqrt{I(x,y)}$，$I(x,y)$ 是像面上的目标光强分布。

（5）对 $U_z'(x,y)$ 进行傅里叶变换得到 $G_z'(\varepsilon,\eta)$，接着对 $G_z'(\varepsilon,\eta)$ 进行如式（4.53）所示的逆变换，得到 $G_0'(\varepsilon,\eta)$。

（6）对 $G_0'(\varepsilon,\eta)$ 进行傅里叶逆变换，得到 $U_0^{(1)}(x,y)$。

（7）用入射高斯光束的振幅 $R(x,y)$ 替换掉 $U_0^{(1)}(x,y)$ 的振幅函数，即

$$U_0^{(1)}(x,y) = \begin{cases} R(x,y)U_0^{(1)}(x,y)|U_0^{(1)}(x,y)|^{-1}, & (x,y) \in Q_0 \\ 0, & (x,y) \notin Q_0 \end{cases}$$

（8）判断循环是否结束并计算误差。如果误差计算结果足够小或迭代次数达到规定次数，则终止迭代。衍射微光学结构的最佳相位分布即构成入射面上的相位分布。若误差计算结果不满足要求，则跳转至第（2）步。

基于角谱理论的衍射微光学结构设计算法，可称为迭代角谱算法，其流程框图如图 4.13 所示。

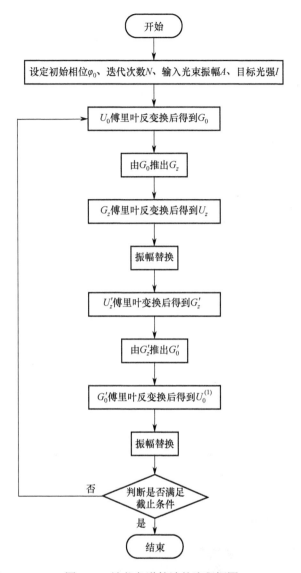

图 4.13 迭代角谱算法的流程框图

4.6 衍射微光学结构设计

依据衍射微光学结构的性能指标要求，设计适用于典型的 650nm 波长的激光束、数值孔径 0.65、焦斑尺寸 0.5μm，具有高衍射聚光效能的微纳衍射结构，以此来验证理论的正确性和有效性，为建立可以执行相干光束的高效整形与频谱空间分离的基础算法奠定基础。

本节分别使用光程差算法和迭代角谱算法，进行微纳衍射结构的设计和仿真，进而生成电子束曝光用光掩模版图数据体系。

1. 光程差算法

在前述内容中已获得了衍射微光学结构的表面轮廓函数 $h(r)$，即

$$h(r) = \frac{-b + \sqrt{b^2 - ac}}{a} \tag{4.54}$$

式中：$a = \frac{n_1^2}{n_a^2} - 1$；$b = \frac{n_1}{n_a} \cdot f - f + \frac{t \cdot p \cdot \lambda \cdot n_1}{n_a^2}$；$c = \left(f + \frac{t \cdot p \cdot \lambda}{n_a}\right)^2 - f^2 - r^2$；$\lambda$ 为入射光波长；n_1 为材料折射率；n_a 为空气折射率；f 为焦距；p 为相邻菲涅耳衍射区的光程差与波长的比值（设为 1）；r 为菲涅耳衍射结构面上的任意点到中心点的距离；t 为距离中心点为 r 的点所在的菲涅耳区。

进行计算前需要对不同的 r 值界定其所对应的 t 值。菲涅耳衍射区的半径为 $r_j = \sqrt{2t\lambda f + (j\lambda)^2}$，当菲涅耳结构其表面上的点到中心点的距离 r 满足 $r_t \leq r < r_{t+1}$ 关系时，这些点所处的菲涅耳区即为 t 区。依据上述关系设计了适用于 650nm 波长红光，材料折射率 $n_1 = 1.49$，空气折射率 $n_a = 1.0$，通光孔径 4.048mm，焦斑尺寸 0.5μm 的菲涅耳衍射结构。相应的计算矩阵单元格尺寸为 0.5μm，单元格数目为 4096。基于光程差算法设计的衍射微光学结构如图 4.14 所示。

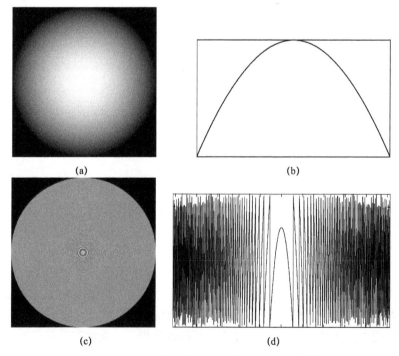

图 4.14 基于光程差算法设计的衍射微光学结构

(a) 相位图；(b) 入射光波的局部剖面图；(c) 台阶状相位图；(d) 衍射结构的局部剖面图。

首先设计连续轮廓的微光学结构，其相位图及局部剖面图如图4.14（a）、（b）所示。进一步对连续轮廓结构进行台阶式量化，削减产生整数倍相位变化的结构厚度，即可得到台阶状相位结构。其相位图及局部剖面图如图 4.14（c）、（d）所示。使用衍射积分变换传递模型，基于光程差算法设计的衍射微结构的聚焦仿真如图4.15所示。其中图4.15（a）给出了焦平面中心区域的光强分布。由该图可见，焦斑呈扩散状分布，以圆环条纹分布形式表现出来。图4.15（b）给出了焦平面上的三维光强分布，图4.15（c）所示为所对应的剖面图，聚焦效果较为明显。由仿真结果可见，使用光程差算法设计衍射微光学相位结构是可行的。但其衍射效率相对较低，光汇聚点扩散明显，焦斑已扩大了几倍甚至十几倍，难以用于设计具有极高衍射效率的衍射微光学波束整形结构。

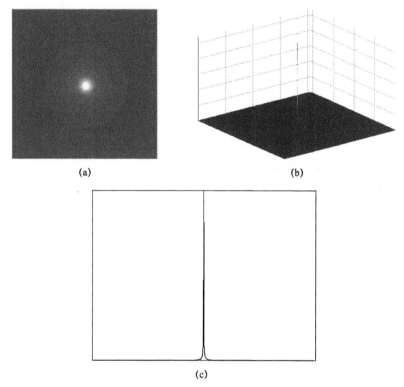

图4.15 基于光程差算法设计的衍射微结构的聚焦仿真

（a）中心区域光强分布；（b）三维光强分布；（c）光强分布剖面图。

2. 迭代角谱算法

使用迭代角谱算法设计具有极高衍射效能的衍射微光学结构，其基本参数与前述相同。入射光束为高相干高斯激光光束，计算矩阵单元格尺寸为 1μm，单元格数目为2048，所设计的衍射微光学相位结构如图4.16所示。图4.16（a）所示为相位图，图4.16（b）所示为对应的相位剖面图。

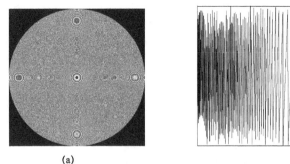
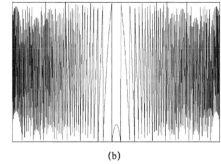

图 4.16 基于迭代角谱算法所设计的衍射微光学相位结构

(a) 相位图;(b) 相位结构剖面图。

由图 4.16 可见,相位结构呈圆对称分布,与菲涅耳结构类似,但更为细密。可以预期其相位调制作用会得到显著加强。基于迭代角谱算法设计的衍射微光学相位结构的仿真结果如图 4.17 所示。其中,图 4.17(a)所示为焦平面中心区域光强分布,图 4.17(b)所示为相应的三维光强分布图,图 4.17(c)所示为光强分布剖面图。仿真结果显示,焦斑未出现发散迹象,无明显旁瓣,衍射效率高达 94.19%。对比上述设计实例可见,采用迭代角谱算法设计具有高的光束整形与聚光效能的衍射微光学结构是一个极具发展潜力的方法。

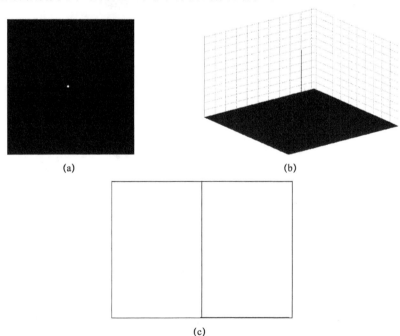

图 4.17 基于迭代角谱算法设计的衍射微光学相位结构的仿真结果

(a) 中心区域光强分布;(b) 三维光强分布;(c) 光强分布剖面图。

综上所述，通过上述算法所能获得的衍射微光学结构，对高相干高斯光束的整形作用，均将在距衍射微光学结构较远（以米甚至千米计）的空域中展开。基于迭代角谱算法，可以获得光束分布更细腻、衍射效能更强、图形图像清晰度更高、细节更完整的衍射变换效果。对与阵列化焦平面探测器件匹配的衍射微光学结构而言，对高相干高斯光束的整形变换与频谱空间分离作用，均将通过探测器材是否仍可以有效工作来加以检验。在这种情况下，衍射微光学结构与探测器材间的距离以毫米甚至微米计。也就是说，一般在几个毫米甚至亚毫米范围内展开。根据上述内容可以有效设计衍射微光学结构的相关算法，因不能进行常规的空间距离降幂近似而无法发挥作用。基于此，进一步发展了相关的基础理论和设计算法。仍然从可以获取高衍射效率、高空间分辨率以及具有准连续相位分布的衍射微光学结构着手，得到可以显著改善激光高斯光束的整形变换效能的基础数据、算法构成及仿真模拟架构，为进一步深入发展奠定基础。

4.7　毫米级近场的衍射积分变换

基于瑞利-索末菲衍射关系及卷积处理，将瑞利-索末菲衍射解析化为卷积的形式，得到瑞利-索末菲传递函数，衍射传递函数示意图如图4.18所示。在衍射微光学结构所在的输入面和观察面上，分别建立直角坐标系（x_0, y_0, z_0）和（x, y, z）。令输入面的光场分布为$U_0(x_0,y_0)$，入射光束通过轴向距离z的传播，在观察面上的光场分布可表示为

$$U_z(x,y) = \frac{\mathrm{j}}{\lambda}\iint_S U_0(x_0,y_0)\frac{\mathrm{e}^{-\mathrm{j}kr}}{r}\cos(\boldsymbol{n},\boldsymbol{r})\mathrm{d}s \tag{4.55}$$

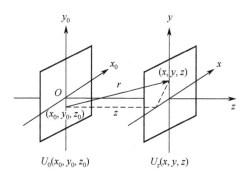

图4.18　衍射传递示意图

式中：光波传播距离$r = \sqrt{z^2 + (x-x_0)^2 + (y-y_0)^2}$；$z$为衍射微光学结构所在的输入面和输出面间的距离；$\cos(\boldsymbol{n},\boldsymbol{r}) = \dfrac{z}{\sqrt{z^2 + (x-x_0)^2 + (y-y_0)^2}}$为倾斜因子。将$r$和

cos(***n***,***r***)的表达式代入式（4.55）后，有

$$U_z(x,y) = \frac{j}{\lambda} \int\int_{-\infty}^{+\infty} U_0(x_0,y_0) \frac{\exp\left(-j\boldsymbol{k}\sqrt{z^2+(x-x_0)^2+(y-y_0)^2}\right)}{z^2+(x-x_0)^2+(y-y_0)^2} z\,\mathrm{d}x_0\mathrm{d}y_0$$

对该式应用傅里叶变换以及卷积处理，可得到输出面上的光场谱函数与输入面光场谱函数间的对应关系表达式，即

$$F\{U_z(x,y)\} = F\{U_0(x,y)\} \cdot F\left\{z\frac{j\exp\left[-j\boldsymbol{k}\sqrt{z^2+x^2+y^2}\right]}{\lambda(z^2+x^2+y^2)}\right\} \tag{4.56}$$

也就是说，输入面光场谱函数可由输出面光场谱函数表示为

$$F\{U_0(x,y)\} = \frac{F\{U_z(x,y)\}}{F\left\{z\frac{j\exp\left[-j\boldsymbol{k}\sqrt{z^2+x^2+y^2}\right]}{\lambda(z^2+x^2+y^2)}\right\}} \tag{4.57}$$

因此，衍射传递函数为

$$H(f_x,f_y) = F\left\{z\frac{j\exp\left[-j\boldsymbol{k}\sqrt{z^2+x^2+y^2}\right]}{\lambda(z^2+x^2+y^2)}\right\} \tag{4.58}$$

利用傅里叶变换和卷积关系，对瑞利-索末菲衍射公式进行变换后，输入面上的光场分布与输出面上的光场分布，将由复杂的积分求解关系，演化为相对简单的线性求解关系（将传递函数看作一个参数）。利用式（4.56）和式（4.57），在已知入射光场分布（或输出光场分布）与衍射成像距离情况下，可方便地求出输出面上的光场分布（或入射光场分布）。

研究显示，GS 算法是用于衍射微光学结构设计的一种极为有效的手段，尤其适用于计算纯相位的衍射微光学结构。借助傅里叶变换的快速计算能力，在计算纯相位衍射微光学结构的同时，可以达到极高的衍射效率。采用 GS 算法，面向毫米级近场衍射微光学结构的 GS 算法流程框图如图 4.19 所示。

由于传统 GS 算法的理论基础是菲涅耳衍射，是对衍射问题的一种近似求解，仅适用于远场情况。在毫米级近场范围内，不满足菲涅耳衍射对观察或衍射成像距离的限制性要求。因此，对传统 GS 算法进行了改进，主要通过将串行迭代算法置于对衍射计算更为精确的瑞利-索末菲衍射基础上，利用卷积关系结合快速傅里叶变换，进行物像间的快速传递变换。通过反复迭代直至满足设计要求为止。

串行迭代算法的具体操作步骤如下。

步骤一：任意选择衍射微光学结构的初始相位分布，令其为 $\varphi_0(x,y)$，并假设入射光束在入射面上的振幅分布为 $R(x,y)$，则入射光束通过衍射微光学结构后，在输入面上的光场可被表示为 $U_0(x,y) = R(x,y)\exp(j\varphi_0(x,y))$。

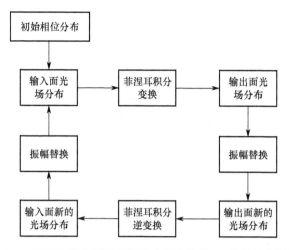

图 4.19 采用毫米级近场衍射微光学结构的 GS 算法流程框图

步骤二：对输入面上的光场分布 $U_0(x,y)$ 进行傅里叶变换，得到输入面上的光场分布频谱函数 $F\{U_0(x,y)\}$。

步骤三：将输入面上的光场频谱函数 $F\{U_0(x,y)\}$ 与瑞利-索末菲传递函数 $F\left\{z\dfrac{\mathrm{j}\exp\left[-\mathrm{j}\boldsymbol{k}\sqrt{z^2+x^2+y^2}\right]}{\lambda(z^2+x^2+y^2)}\right\}$ 相乘，得到输出面上的光场分布频谱函数，令其为 $F\{U_z(x,y)\}$，下标 z 表示输入面和输出面间的距离。

步骤四：对输出面光场的频谱函数 $F\{U_z(x,y)\}$ 执行傅里叶逆变换，即可得到输出面上的光场复振幅分布 $U_z(x,y)$。

步骤五：假设输出面上的目标光场振幅分布为 $A(x,y)$，用 $A(x,y)$ 替换掉由输入面光场变换后得到的输出面光场分布 $U_z(x,y)$ 的振幅分布，可得到输出面上的新的光场分布，令其为 $U'_z(x,y)$，即

$$U'_z(x,y) = A(x,y)U_z(x,y)|U_z(x,y)|^{-1}$$

步骤六：对输出面上的振幅分布被替换后的光场分布 $U'_z(x,y)$ 执行傅里叶变换，可得到输出面上新的光场分布频谱函数 $F\{U'_z(x,y)\}$。

步骤七：用输出面上的新的光场频谱函数 $F\{U'_z(x,y)\}$，除以瑞利-索末菲传递函数 $F\left\{z\dfrac{\mathrm{j}\exp\left[-\mathrm{j}\boldsymbol{k}\sqrt{z^2+x^2+y^2}\right]}{\lambda(z^2+x^2+y^2)}\right\}$，再对所得结果进行傅里叶逆变换，即可得到输入面上的光场复振幅分布，令其为 $U_0^{(1)}(x,y)$（上标括号里的数字表示所经过的迭代次数）。

步骤八：用入射光场的振幅分布 $R(x,y)$ 替换掉 $U_0^{(1)}(x,y)$ 的振幅函数，可得到

替换后新的光场分布，即 $U_0^{(1)}(x,y) = \begin{cases} R(x,y)U_0^{(1)}(x,y)\left|U_0^{(1)}(x,y)\right|^{-1}, (x,y) \in Q_0 \\ 0 \qquad\qquad\qquad\qquad\qquad\qquad, (x,y) \notin Q_0 \end{cases}$。

步骤九：在迭代计算开始前，设置好判断迭代是否结束的循环条件。经过步骤一至步骤八的一个循环后，判断循环终止条件是否满足。如果满足则终止迭代，衍射微光学结构的最佳相位分布即为入射光场为 $U_0^{(n)}(x,y)$ 时的相位分布；若不满足循环终止条件，则需跳转至步骤二开始新一轮的迭代计算。

基于瑞利-索末菲衍射积分变换的串行迭代算法流程框图如图 4.20 所示。在设计中所采用的循环终止条件是判断衍射效率是否达到预期值的依据。若衍射效

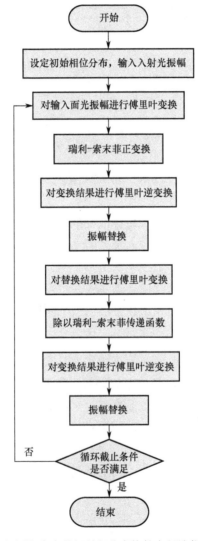

图 4.20 基于瑞利-索末菲衍射积分变换的串行迭代算法流程框图

率大于设定值,则停止迭代;否则循环继续进行。衍射效率的表达式为 $E(\lambda_k) = \dfrac{\sum I_{\text{object}}}{\sum I_{\text{total}}}$,其中,$I_{\text{total}}$ 为输出面上的总光强分布;I_{object} 为输出面上的目标区域的光强分布。

在采用所述算法并利用快速傅里叶变换计算瑞利-索末菲传递函数时,采样间隔的选取需满足 $\Delta x_0 \leqslant \dfrac{\lambda \sqrt{d^2 + \Delta L^2 / 2}}{\Delta L}$ 关系,其中,Δx_0 为采样间隔,即衍射微光学结构上每个采样单元其结构尺寸大小;ΔL 为衍射微光学结构的孔径;λ 为入射光波长;d 为衍射距离。

如图 4.21 所示为被衍射微光学结构高度汇聚的高斯光束,将衍射微光学结构所在的面作为输入面,光束汇聚面作为输出面,入射高斯光束为高相干高斯激光光束,其表达式为 $R(x,y) = \exp(-(x^2 + y^2)/2)$。在输出面上所预期的光场分布为:输出面中心形成一个结构尺寸为 0.5μm 的聚光点,其光强等于入射光束的总光强,即在理想情况下实现 100%衍射效率,光点周围的光强分布为零。

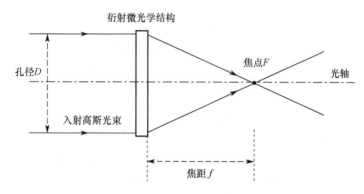

图 4.21 被衍射微光学结构高度汇聚的高斯光束

采用 Matlab 编程执行算法的数值计算。参数设置以及执行步骤如下。

1. 参数设置

入射高斯光束的振幅分布为 $R(x,y) = \exp(-(x^2 + y^2)/2)$,预期输出光场的振幅分布为 $A(x,y) = \begin{cases} I, (x,y) \in F \\ 0, (x,y) \notin F \end{cases}$,其中,$I$ 为入射高斯光束的总光强;F 为输出面上的汇聚光点位置。入射光波长为 0.65μm,焦距为 3mm,衍射微光学结构孔径 2mm。使用 Matlab 模拟输入输出光场分布的矩阵大小为 4096×4096,其中每个结构单元的尺寸大小设置为 0.5μm。入射高斯光束和所预期的光强分布仿真情形如图 4.22 和图 4.23 所示。

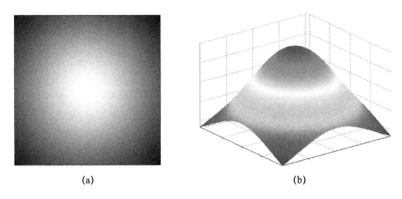

图 4.22　入射高斯光束的光强分布仿真

(a) 平面图；(b) 三维立体图。

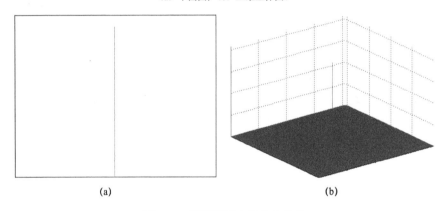

图 4.23　所预期的光强分布仿真

(a) 二维仿真；(b) 三维仿真。

由图 4.23 可见，入射高斯光束通过衍射微光学结构后，其衍射聚光效率可高达约 79%。中心聚光点处的光强主峰较两边次级光强高出一个量级。基于存在较强杂光分布（占比 21%）的可能来源有：①算法本身误差，由于算法执行过程就是一个经过反复迭代寻找最优解的过程，最优解本身就是对理想情况的一种近似；②量化误差，由于通过算法计算所设计的衍射微光学结构的相位分布均为连续台阶形，为方便工艺制作仅将相位台阶量化成了 38 级，所舍弃的相位结构仍存在较强的衍射散光作用。

2. 程序执行步骤

（1）输入衍射光学系统的输入面和输出面上的光场分布及系统参数。

（2）利用瑞利-索末菲衍射变换串行迭代算法，在输入面和输出面间进行迭代计算。

（3）判断通过计算所获得的相位结构是否满足循环终止条件，若满足则停止迭代；否则继续进行迭代计算。

（4）对计算结果进行量化处理并保存结果。

通过仿真所建立的衍射微光学结构的相位分布仿真示意图如图 4.24 所示，图中的不同灰度值代表了衍射微光学结构中的不同相位台阶深度。图像灰度值越低，所对应的相位台阶越深。图 4.24（a）给出了相位全图形貌，图 4.24（b）所示为衍射相位结构中心及其附近区域的放大图，图 4.24（c）所示为衍射相位结构中心的放大图。利用 Matlab 对上述衍射微光学结构的聚光效能进行仿真计算，用以模拟 650nm 波长的高斯光束垂直入射到 2mm 孔径的衍射微光学结构上，在距其约 3mm 处的汇聚效果仿真如图 4.25 所示。通过图示的衍射相位数据体系，可以有效形成极为细微的聚焦光斑。图 4.25（a）所示为衍射聚焦光斑的二维分布，图 4.25（b）所示为衍射聚焦光斑的二维分布放大图，图 4.25（c）所示为衍射聚焦光斑的三维分布。

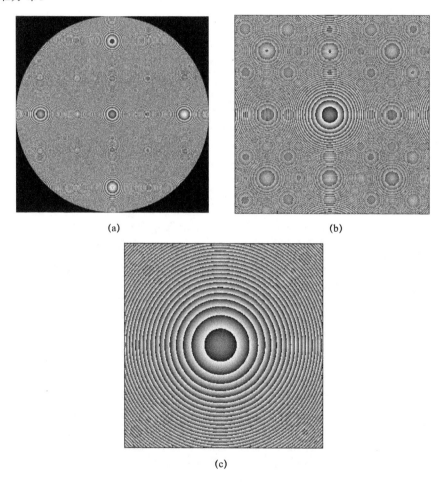

图 4.24 衍射微光学结构的相位分布仿真情况

（a）相位分布全图；（b）局部放大图-1；（c）局部放大图-2。

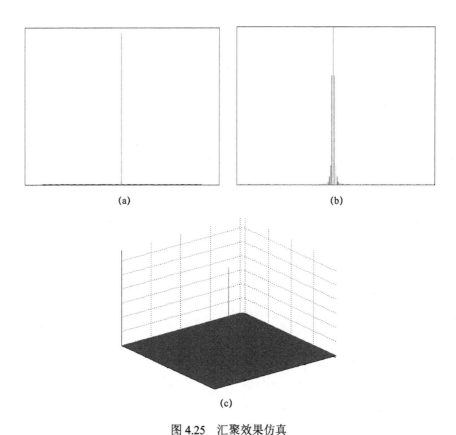

图 4.25 汇聚效果仿真

(a) 二维分布；(b) 二维分布的局部放大；(c) 三维分布。

综上所述，通过面向毫米级衍射距离的衍射微光学结构设计的改进 GS 算法，将瑞利-索末菲衍射方式置于 GS 算法的串行迭代构架上，可使其适用于毫米级近场衍射问题的求解，从而更为精确、有效地设计衍射微光学结构的相位数据体系、分布形态和光学性能指标。

4.8 小结

本章讨论、分析和总结了本书所涉及的多种衍射微光学相位结构的构建算法、数据体系建立、性能仿真和可视化显示等方面的研究工作。重点针对特定形态的空间光场成形以及光能的图案化输运，通过衍射微光学变换进行光能空间输运分布形态的衍射调制构建与再现，以及高斯激光光束高效整形变换等问题，开展了有针对性的研究。为基于算法构建的衍射微光学相位结构，进一步执行工艺制作、性能测试评估和结构优化等奠定了基础。

第 5 章　构建衍射微光学结构执行复杂光束变换

本章主要涉及将基于算法生成的衍射微光学相位数据，通过单步光刻与 KOH 湿法刻蚀，制作在特定晶向的硅片表面，构建成硅基衍射相位母版；进而通过在深度各异的硅表面相位结构上涂敷硅胶并无损剥离，制成柔性衍射微光学胶模，完成衍射相位结构转印，获得用于衍射调变高斯激光光束，形成不同空间分布形态或图样的图案化光场，以及实现高能量聚集度远场点状光斑成形的衍射微光学整形结构等内容。

5.1　衍射相位结构

近些年来，随着微电子工业的持续快速发展，衍射微光学结构的工艺制作技术在不断进步。目前典型的商用工艺方式包括金刚石切削以及标准微电子工艺中的干法和湿法刻蚀等。金刚石切削主要基于精密机械研磨和切削手段，制作亚毫米包括若干微米级的精细结构，如光学平面、非球面轮廓以及菲涅耳透镜等。受金刚石磨头尺寸及所能加工的光学材料等因素制约，所能制作的精细结构的种类、微细程度和加工精度等难以进一步扩展和提高。始于 20 世纪 80 年代的二元光学技术，伴随着微电子工艺的进步，目前已较为成熟。以精细图形生成、精密光学套刻、化学蚀刻转印和后处理等为典型步骤，具有加工效能高、结构选择空间大、应用范围广，但所能制作的图形精细度以及衍射相位数据仍然受限等特点。

为了摆脱复杂的套刻流程，利用可变剂量的激光束、电子束或聚焦离子束等进行直写的工艺方法，目前也得到较快发展。通过直写技术可单步完成精细图形转印，从而摆脱套刻操作对器件制作精度的影响。电子束直写是直写技术中具有极高空间加工分辨率的技术方式。可以得到在紫外、可见光及红外等频域发挥关键性作用的亚波长微纳衍射光学结构。但存在刻蚀深度或高度在精确控制以及需要考虑电子束邻近效应等问题。主要通过迭代法或反卷积法对曝光剂量进行补偿来降低负面影响。其曝光时间一般较长、成本高，常用于制作小面积的浮雕结构。灰度掩模是另一类无须套刻的技术方式，在近些年的进展也较为迅速。

在化学蚀刻方面，硅的湿法刻蚀技术由于设备条件要求不高、工艺流程相对简便、易控制、重复性好、便于工业化生产等特点，在微纳衍射光学结构、MEMS结构、光电子结构等的加工制作方面已获得广泛应用，显示了良好的发展前景。本章主要基于特定晶向的硅材料在 KOH 溶液中的各向异性腐蚀特性，通过单步光刻结合 KOH 湿法刻蚀工艺，制作具有多阶相位排布的微纳衍射光学结构。

5.2 硅的各向异性 KOH 湿法蚀刻

硅是微电子工业中的一种基础材料。迄今为止，人们对于硅在微光学中的作用已有深刻认识。硅的化学腐蚀或刻蚀是微光学工艺的重要基石，主要包括干法和湿法腐蚀或刻蚀这两个操作类别。在干法腐蚀中，同时包括化学和物理变化，其图形结构的刻蚀精度较高、适用范围较广，已用于如半导体及无机非金属材料等的商用蚀刻加工，加工成本高于湿法工艺。湿法腐蚀主要基于材料的化学变化，精度远低于干法手段，但腐蚀效率高、成本低、周期短。目前已在低成本微光学光电结构的加工方面获得广泛应用。

根据单晶硅片在不同腐蚀条件下呈现各异的腐蚀行为这一特性，湿法腐蚀又表现为各向同性和各向异性腐蚀这两种形式。在各向同性腐蚀中，各晶向的硅腐蚀速率相同。在各向异性腐蚀中，硅的若干晶向表现出独特的腐蚀特征。腐蚀速率与最终结构以及晶格取向情况等密切相关。这里主要利用特定晶向的硅材料在 KOH 溶液中的各向异性腐蚀特性，制备衍射微光学相位结构。

基础研究显示，硅的各向异性腐蚀速率取决于晶格取向。它在某些晶向上呈现快的腐蚀性，而在其他一些晶向上显示慢的腐蚀行为。其腐蚀速率与腐蚀性溶液的浓度、成分配比以及反应温度等密切相关。研究表明，较各向同性腐蚀而言，通过各向异性腐蚀也可以低成本生成较为陡峭的侧壁或平滑表面等轮廓形貌。硅的各向同性湿法腐蚀一般选用强酸作为腐蚀液，如氢氟酸和硝酸混合液等。利用酸液的强氧化性可将硅氧化为 SiO_2，SiO_2 又可用 HF 进行快速腐蚀剥离。硅的各向异性湿法腐蚀或刻蚀，多采用强碱或有机溶剂（如 KOH 或 TMAH 等）进行。硅材料在碱性溶液中的各向异性腐蚀或刻蚀特性，主要与硅晶向及硅与腐蚀液的化学反应相关。

通常所采用的单晶硅材料为立方晶系，硅晶体的典型结构如图 5.1 所示。一个硅原子通过四个共价键与其他相邻硅原子连接构成正四面体形。其晶面特征可用米勒指数表征，如用 {hkl} 表示晶向等。如果晶面正交于 x 轴，则取为 {100} 面，正交于 y 轴则取为 {010} 面，正交于 z 轴，则取为 {001} 面。如果晶向与 x 轴平行则取为 {100} 向，其他的依此类推。图 5.2 所示为典

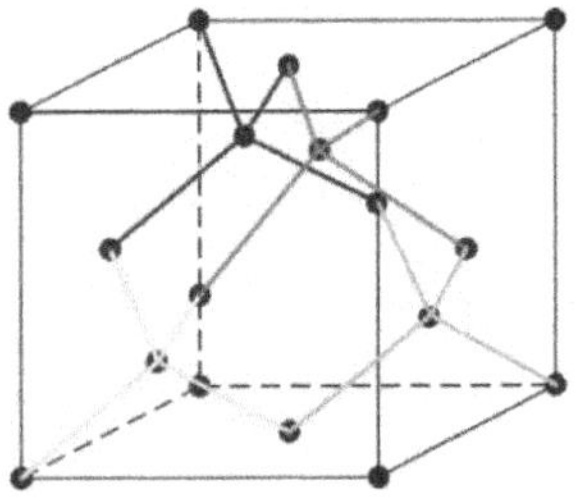

图 5.1 硅晶体的典型结构

型晶面示意图（{100}、{110}及{111}）。

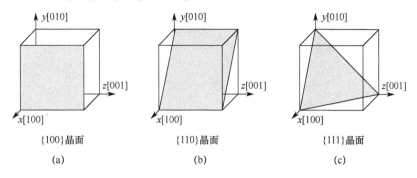

{100}晶面   {110}晶面   {111}晶面
(a)   (b)   (c)

图 5.2 典型晶面示意图

单晶硅材料的三个基本晶面，如{100}面、{110}面和{111}面等，在浓度与温度相同的 KOH 溶液中的腐蚀或刻蚀速率存在较大差异。其腐蚀速率排序为{100}>{110}>{111}。{100}晶面与{111}晶面的腐蚀速率比可达 400∶1。其原因如下：①水分子的屏蔽效应阻碍了硅原子与 OH⁻ 离子反应。原子排列越紧密，水分子的屏蔽效应越明显，{111}晶面的原子密度最大，呈现最慢的腐蚀速率；②分布在{111}晶面上的硅原子，均有三个共价键与晶面内部的相邻原子连接，并包含一个裸露的悬挂键，而{100}晶面上的各硅原子存在两个悬挂键。在腐蚀性化学反应进行过程中，OH⁻ 离子会与悬挂键结合进行腐蚀反应。悬挂键越多，化学反应越快。晶面内部的共价键越多，活化晶面上的硅原子所需的活化能 E_a 就越大，腐蚀速率越低。由活化反应机制可知，反应速率系数满足关系 $R = R_0 \exp\left(\dfrac{-E_a}{KT}\right)$，其中，$R_0$ 为反应常数，与材料及所涉及的晶向有关；k 为玻耳兹曼常数；T 为温度。活化能 E_a 的差异性变动，会导致反应速率发生指数级的变化。

如图 5.3 所示，利用 KOH 溶液刻蚀受抗蚀剂掩模保护的{100}晶向硅片，可

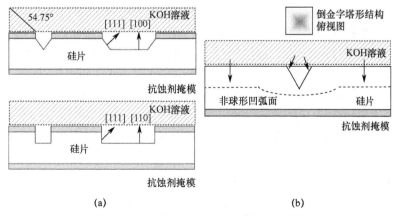

(a)   (b)

图 5.3 利用 KOH 溶液刻蚀受抗蚀剂掩模保护的晶向硅片

得到侧面倾角为 54.75°的倒金字塔形结构；刻蚀{110}晶向硅片，可得到 90°棱角的矩形凹槽；刻蚀无抗蚀剂掩模保护的预成形倒金字塔形硅微结构，可在硅片表面形成非球形凹弧面。Kendall 等人的基础研究显示，在硅片表面所形成的非球形凹弧面其深度可表示为

$$s = d_0\left[\frac{1}{\sqrt{2}} + \frac{1}{m}\left(\frac{1}{2}\sin\theta - \frac{1}{\sqrt{2}}\cos\theta\right)\right] = \alpha d_0 \tag{5.1}$$

式中：d_0 为表面掩模初始孔径即倒金字塔顶面初始孔径；m 为{114}面和{011}面的腐蚀速率比；θ 为{001}面与腐蚀快面间的夹角。当{114}面为腐蚀快面时 $\theta=19.47°$，故有

$$s = d_0\left(\frac{1}{\sqrt{2}} - \frac{1}{2m}\right) = \alpha d_0 \tag{5.2}$$

式中：α 为与腐蚀操作相关的经验参数。

用所构建的 GS 算法经迭代计算得到的衍射微光学相位结构，与硅衬底上的浮雕台阶深度间的关系为

$$h = \frac{\lambda}{n-1}\frac{1}{2\pi}\mathrm{mod}_{2\pi}\varphi(x,y) \tag{5.3}$$

式中：λ 为高斯入射光束的波长；n 为硅材料折射率；$\varphi(x,y)$ 为衍射微光学结构的相位分布参数。由算法迭代生成的衍射微光学相位结构与光刻版上的微方形结构，也就是硅表面上的抗蚀剂掩模窗口，其孔径尺寸的关系为

$$d_0 = \frac{\lambda}{\alpha(n-1)}\frac{1}{2\pi}\mathrm{mod}_{2\pi}\varphi(x,y) \tag{5.4}$$

由式（5.1）和式（5.2）可知，刻蚀成形的硅微结构深度，与掩模版上的孔径尺寸密切相关。通过控制掩模版上微方形结构尺寸与排布形态，经过两次独立的 KOH 湿法刻蚀，可形成相互交叠衔接，并具有不同深度或高度的相位台阶轮廓，如图 5.4 所示的基于 KOH 湿刻蚀制作的硅微台阶。

基础实验工作显示，通过硅基 KOH 各向异性刻蚀所得到的非球形凹弧面其凹深和孔径，由掩模版上的微孔尺寸与腐蚀条件唯一决定。在非周期性的衍射相位结构上的一个采样点的深度，对应一个非球形凹弧面的凹深及其孔径尺寸。因此，根据目标衍射相位浮雕的结构参数及分布形态，可以得到进行 KOH 刻蚀加工所需的掩模版图，如图 5.5 所示。基于上述考虑，在设计掩模版时，首先要找出目标轮廓中最浅的结构单元。将这些结构单元的深度设为 0。与其他深结构单元对应的开孔尺寸则依据式（5.2）得出，包括与最深结构单元对应的最大尺寸的开孔等。一般而言，开孔尺寸不能大于采样单元边长的一半。当衍射微光学相位结构已设定时，首先应确定最大开孔的边长或孔径，然后确定采样单元的尺寸下限，相应于找到元件轮廓采样数的上限。通常情况下，采样数越大，衍射效率越高，衍射微光学相位结构的设计灵活性也越好。例如，几何尺寸为 3 mm×3mm 的衍射图形结

构，其最大轮廓深度所对应的孔径为 10μm，则其采样单元的尺寸不能小于 30μm×30μm，最大采样数则为 100×100。

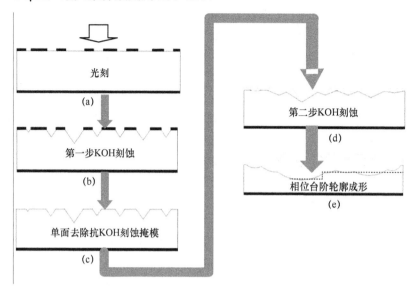

图 5.4　基于 KOH 湿法刻蚀制作硅微台阶

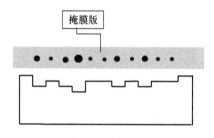

图 5.5　掩模版图

基于上述设计考虑制作硅衍射微光学相位结构的主要工艺流程：制作光掩模版；生长 SiO_2 膜；紫外光刻；ICP 干法刻蚀制作 SiO_2 抗蚀剂掩模；第一步 KOH 刻蚀；湿法腐蚀去除 SiO_2 掩模；第二步 KOH 刻蚀；后处理等。所用光掩模版在中芯国际集成电路制造有限公司制作，光刻和化学刻蚀在中国科学院半导体研究所半导体集成技术工程研究中心进行。关键性的工艺操作情况见下列内容。

（1）利用电子束直写将版图数据转移到铬板上完成光掩模版制作。

（2）生长 SiO_2 膜。利用 PECVD 方法生长厚度在 100～1000nm 范围内的 SiO_2 膜，所用设备为英国 STS 公司的 Multiplex CVD，主要技术指标有：可沉积最厚达十几微米的 SiO_2 薄膜，可淀积低应力 SiN 和 SiC 等介质膜，淀积速率大于 150nm/min（SiO_2）以及大于 100nm/min（SiN），非均匀性在±5%范围内。

（3）紫外光刻。通过常规紫外光刻，将光掩模版图形转印到基片表面的光刻胶上。采用德国 Suss Microtec 公司的 MA6/BA6 双面对准光刻机，主要技术指标有：基片双面对准（包括键合预对准），光源波长约 435nm 和 365nm，套刻精度小于 1μm，光源非均匀性小于 5%。

（4）ICP 干法刻蚀。使用 ICP 干法刻蚀制作 SiO_2 抗 KOH 刻蚀掩模。所用设备为英国 STS 公司的 Multiplex AOE，主要技术指标为：刻蚀速率大于 2500A/min，选择比为光刻胶大于 4：1、多晶硅大于 15：1，非均匀性在±5%内，侧壁与底面夹角大于 88°。

（5）KOH 湿法刻蚀。硅基 KOH 各向异性刻蚀由两个相互独立的操作过程组成：一是形成硅倒金字塔形的第一步 KOH 刻蚀；二是在失去抗蚀剂掩模保护的预成形硅倒金字塔形结构上，进行第二步 KOH 刻蚀，获得非球形凹弧面结构。在制作具有连续轮廓形貌的折射微光学结构方面，通常希望由非球形凹弧面（一般可采用凹球面近似）衔接构成的轮廓结构尽量重叠密接，使表面粗糙度最小。在制作非连续轮廓的衍射微光学相位结构时，应保证相邻凹球面不能过度重叠，使相邻结构单元间呈现一定高度或深度差，形成相邻衍射相位间的不连续轮廓切变。

（6）后处理。对刻蚀后的样品进行表面和特征结构的清洗处理。

（7）塑料与柔性样品制备。通过在硅片上涂布柔性光学材料（如柔性硅胶），获得适用于可见光谱域的柔性衍射微光学相位结构样片。也可以采用电镀法将硅衍射微光学相位结构制作成金属模版，然后通过压印工艺将相位轮廓压印到透明塑料基片上，获得塑料衍射微光学相位结构样片。

综上所述，通过设计特定的光掩模版图，经过单步光刻和 KOH 湿法刻蚀，可在硅片表面制作图形结构较为精细的衍射微光学相位结构。具有工艺简便、成本相对低廉、易于控制、可有效避免常规工艺中较大的对准误差或套刻误差等特点。适合于以计算机编程方式设计和制作衍射微光学相位结构，呈现广阔发展前景。

5.3 测试与分析

对所制柔性衍射微光学相位结构样片进行的常规光学成像探测原理如图 5.6 所示。从 500mW 激光器出射的中心波长约 532nm、谱宽约 60nm、光束直径约 1.5mm 的高斯绿激光，经扩束镜后被均匀扩展成直径约 50mm 的宽径光束。该光束再经孔径约 3mm 的光阑限束后，照射在所测试的柔性衍射微光学样片上。衍射微光学样片被置于可上下及左右移动的二维精密光学平台上。为了验证在相干激光照射下，通过衍射微光学相位结构样片对相干光束进行的整形与空间分离操作，并不会影响仅依靠非相干光进行成像探测这一原理的有效性，首先制作了易于工艺实现，基于微米工艺的柔性衍射微光学相位结构样片。该样片对激光光束的整形变换和空间分离作用,均在远场区域展开。利用一台 CCD 相机拍摄预先设置在屏幕上的人物头像,获取在激光光束照射前后的图像变动情况。屏幕与衍射微光学样片间的距离约 1.2m。

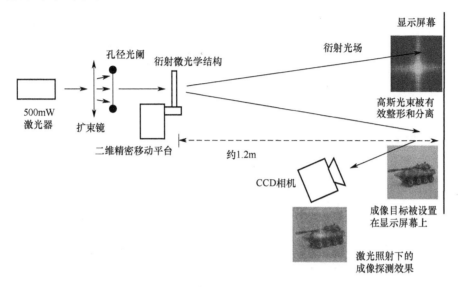

图 5.6　常规光学成像探测原理

图 5.7 给出了采用绿色高斯激光测试所制作的柔性衍射微光学样片的情形。其中,图 5.7(a)所示为测试光路,图 5.7(b)所示为实测结果。如图 5.7(a)所示,激光光束经可调衰减器后照射到反射镜上。反射光束通过光束抬升支架升高约 100mm,被孔径光阑限束后射向所测试的柔性衍射微光学样片。可产生不同整形和空间分离效果的各衍射微光学结构,被整齐排布在上述的较大尺寸柔性光学样片上。通过二维精密移动平台进行上下和左右微平动,选择所要测试的单组衍射微光学结构。激光光束每次仅覆盖一个分布在较大尺寸柔性光学结构上的单组衍射微光学结构。光束的整形和空间分离效果,被呈现在距衍射微光学样片约 1.2m 处的一个宽大屏幕上。采用距大屏幕约 0.6m 的 CCD 全色相机,记录所形成的光束整形和空间分离图案以及坦克图像在光束照射前后的变动情况。如图 5.7(b)所示,所制作的衍射微光学相位结构,可将强度较高的绿色高斯激光束加以整形和空间分离,有效形成所要求的空间分布图案,从而将其对成像探测的影响降到最低限度。

同时也分别采用了约 650nm 波长的红色高斯激光以及约 405nm 波长的蓝色高斯激光,对所制样片进行实验测试,得到了与绿色高斯激光类似的光束整形与空间分离效果。其衍射效率的典型排序为蓝色>绿色>红色。换言之,所形成的图形细锐度或空间分辨率也呈现类似变化趋势。绿色高斯激光束的强度变化对非相干成像探测的影响如图 5.8 所示。由图 5.8(b)可见,在约 30mW 激光束照射下,原本清晰的坦克图像出现了干扰性光斑。随着光束强度的增大,其干扰作用逐渐增强。约 140mW 的光束已可以基本遮盖坦克图像的主要或特征细节，约 200mW 的光束已可将坦克图像中的关键部位充分遮挡或压制，约 230mW 的光束已将坦克图像几乎完全隐去。

(a)

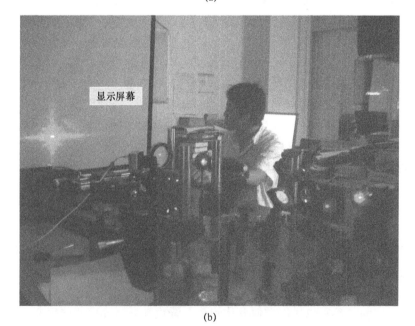

(b)

图 5.7 采用绿色高斯激光测试所制作的柔性衍射微光学样片的情形
（a）测试光路；(b) 成像测试情况。

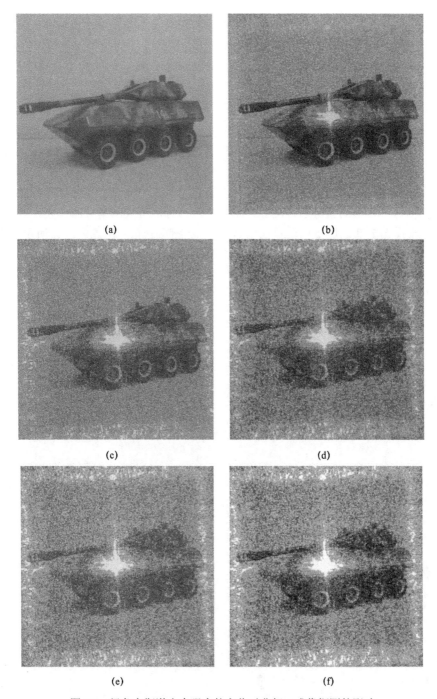

图 5.8 绿色高斯激光束强度的变化对非相干成像探测的影响

(a) 非相干图像(有少许绿色杂光);(b) 约 30mW 光斑;(c) 约 70mW 光斑;(d) 约 140mW 光斑;(e) 约 200mW 光斑;(f) 约 230mW 光斑。

为了将图 5.8 所示的在较强激光照射下所探测的模糊图像加以调整、校正甚至复原,分别制作了可有效进行光束整形和空间分离操作的衍射微光学相位结构,其绿色高斯激光束的整形和空间分离效果如图 5.9 所示。针对不同整形和分离目标,通过设计和制作具有不同相位结构参数和分布形态的衍射微光学结构,可将高斯光束变换成不同的空间分布形态。图 5.9（a）所示为中空方形图案分布,图 5.9（b）所示为细圆柱形图案分布,图 5.9（c）所示为离散柱形图案分布,图 5.9（d）所示为长方形图案分布,图 5.9（e）所示为斑点状图案分布,图 5.9（f）所示为离散线性图案分布（水平）,图 5.9（g）所示为方框图案分布,图 5.9（h）所示为离散线性图案分布（垂直）,图 5.9（i）所示为大方框形图案分布,图 5.9（j）所示为多重月牙形图案分布,图 5.9（k）所示为对称斑纹图案分布,图 5.9（l）所示为圆形图案分布,图 5.9（m）所示为细网格图案分布,图 5.9（n）所示为稀疏圆网格图案分布,图 5.9（o）所示为大圆柱形图案分布,图 5.9（p）所示为四象限圆形图案分布,图 5.9（q）所示为雪花形图案分布,图 5.9（r）所示为不规则图案分布,图 5.9（s）所示为大圆形图案分布,图 5.9（t）所示为月牙形图案分布,图 5.9（u）所示为离散圆斑点分布,图 5.9（v）所示为离散方斑点分布,图 5.9（w）所示为离散长方形图案分布,图 5.9（x）所示为细圆框图案分布等。

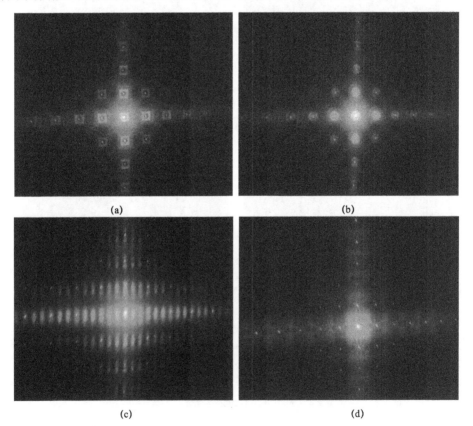

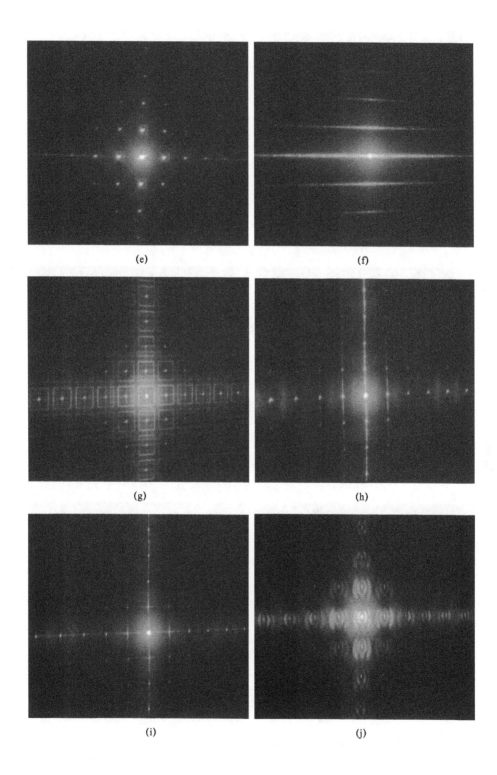

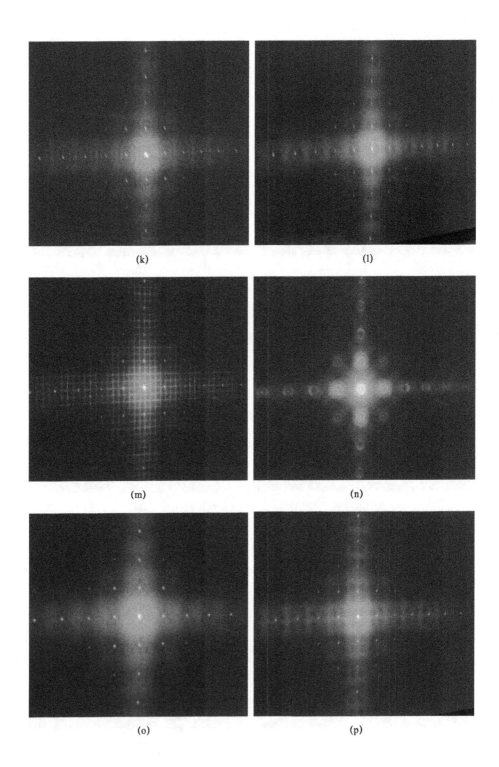

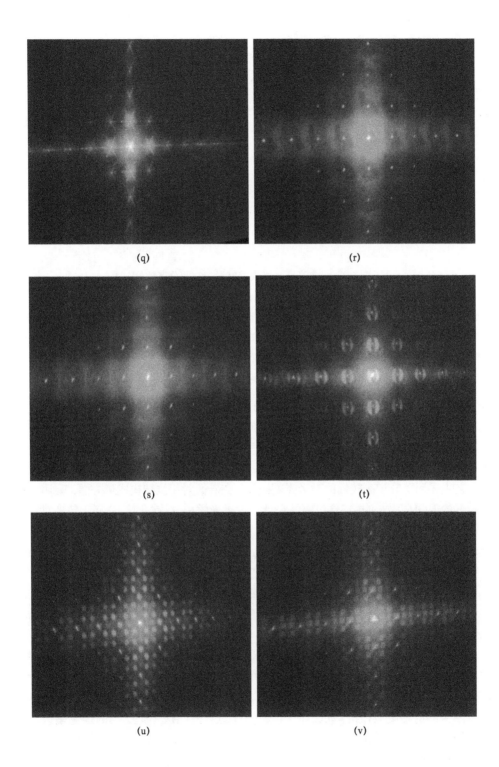

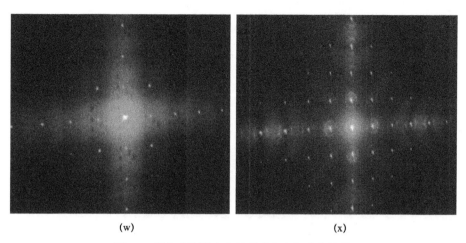

(w)   (x)

图 5.9 绿色高斯激光束的整形和空间分离效果

(a) 中空方形图案分布; (b) 细圆柱形图案分布; (c) 离散柱形图案分布; (d) 长方形图案分布; (e) 斑点状图案分布; (f) 离散线性图案分布 (水平); (g) 方框图案分布; (h) 离散线性图案分布 (垂直); (i) 大方框形图案分布; (j) 多重月牙形图案分布; (k) 对称斑纹图案分布; (l) 圆形图案分布; (m) 细网格图案分布; (n) 稀疏圆网格图案分布; (o) 大圆柱形图案分布; (p) 四象限圆形图案分布; (q) 雪花图案分布; (r) 不规则图案分布; (s) 大圆形图案分布; (t) 月牙形图案分布; (u) 离散圆斑点分布; (v) 离散方斑点分布; (w) 离散长方形图案分布; (x) 细圆框图案分布。

如图 5.9 所示,尽管可以通过柔性衍射微光学相位结构,将高斯光束整形和变换成多种多样的图案化远场空间分布形态,但仍然存在衍射效率不高(约 46%)、整形最小光斑的细度或者清晰度或者空间分辨率不高(约在十几微米尺度)、衍射级次过多以及频谱空间分离效果相对不足等缺陷。其原因在于:为了首先验证原理,在设计和工艺上采用了分辨率较低的微米光刻操作;在硅衍射相位结构成形方面,采用了精度较低的 KOH 湿法刻蚀;通过算法设计衍射微光学相位结构时,舍弃了较多对整形效率、细节、图形微细度有较大影响的相位层次以及相位量化过于粗糙等。尽管存在上述缺陷,总体而言,所建立的基础理论、设计算法、相位结构生成方式、工艺路线、衍射变换效果等均显示了所建模型的正确性以及方法措施的有效性。

通过柔性衍射微光学相位结构分离高斯激光束到成像目标周围的成像探测效果如图 5.10 所示。绿色高斯激光光束能量情况,仍采用与图 5.9 相对应的方式,以有效比较和说明成像效能的改进程度。如图 5.10 所示,通过将高斯光束变换成方框形,可将成像目标有效裸露出来。不同的高斯光能态,展现不同的成像探测效果。例如,在约 30mW 光束照射下,所获得的坦克图像与仅存在少量杂光时的情形(图 5.10(a))相比,未发现明显差别。当光束能量逐渐升高后,所获得的坦克图像的清晰度有微弱降低。在约 230mW 处,原已被完全遮挡的坦克图像,仍可以较为清晰地显示出来。如图 5.10(e)所示的在约 200mW 光束照射下的坦克图像,其清晰度与约 230mW 时的情形类似。也就是说,原已被遮挡的坦克图像(图 5.10(e)),同样被较为清晰地显现出来。采用图 5.10(d)所示的约 140mW

光束时的图像清晰度,则略高于约 200mW 时的情形。图 5.10(c)所示的在约 70mW 能态处,除存在若干杂光点外,所获得的坦克图像已与图 5.10(b)所示类似。测试结果表明,通过柔性衍射微光学相位结构,可以有效地将强度较大的高相干激光光束,有效整形和分离到指定空域,从而实现在相干激光干扰和压制下的非相干成像探测。

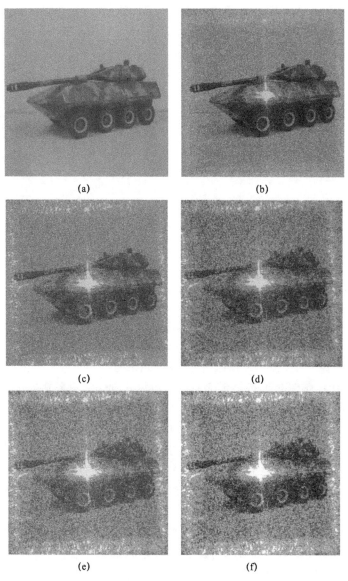

图 5.10　通过柔性衍射相位结构分离高斯激光束到成像目标周边的成像探测效果
(a) 非相干图像；(b) 约 30mW 光方框；(c) 约 70mW 光方框；(d) 约 140mW 光方框；(e) 约 200mW 光方框；(f) 约 230mW 光方框。

一般而言，在所发展的对抗性成像探测体制中，经过整形与空间分离变换所形成的光场应与目标有效耦合，实现干扰甚至光能压制。将相干光波与用于成像探测的非相干光场分离。高斯激光束的空间分离形态对成像探测的影响如图 5.11 所示。其中，图 5.11（a）显示了较好的耦合形态。图 5.11（b）则显示了较低能态下的不良耦合情形。由图 5.11 可见，在相干光场所覆盖的非相干光存在区域中，仅能表现出高能相干光的形态属性，非相干成像探测将被干扰甚至压制。

(a) (b)

图 5.11 高斯激光束的空间分离形态对成像探测的影响

(a) 光方框与目标有效耦合；(b) 光方框偏移。

除了形成光方框这样的整形和变换效果外，还发展了多种其他图案形式的光束整形和空间分离形态。在高斯干扰激光作用下的成像探测效果，如图 5.12 所示。在干扰性的相干高斯激光作用下，对坦克图像所做的非相干成像探测，也显示了其他柔性衍射微光学相位结构所具有的良好光束整形和空间分离效能。例如，与图 5.12（a）所示图像对应的图 5.12（a-1）所示的斑点状图案分布；与图 5.12（b）所示图像对应的图 5.12（b-1）所示的方框状图案分布；与（c）子图所示对应的，如（c-1）子图所示的离散线状图案分布（水平）；与图 5.12（d）所示图像对应的图 5.12（d-1）所示的细网格状图案分布；与图 5.12（e）所示图像对应的图 5.12（e-1）所示的中空方形图案分布；与图 5.12（f）所示图像对应的图 5.12（f-1）所示的月牙形图案分布；与图 5.12（g）所示图像对应的图 5.12（g-1）所示的离散线状图案分布（垂直）等典型情形。

尽管通过所发展的衍射微光学相位结构，可以有效进行对抗条件下的非相干成像探测，但仍存在衍射效率和衍射能量聚集度与理想情况相差较大。衍射图形/图案/图像的微细显示度不足以及空间分辨率仍有待提高等问题。尽管这些问题对如上所述的对抗条件下的成像探测影响较小甚至可以忽略，但对基于衍射微光学相位结构，进行不同频谱成分的多色混合高斯激光束的衍射整形、变换和空间分离操控将带来致命影响。实验测试显示，仿真模拟与实验测试结果相去甚远，频谱分离效能较低。针对这一情况，拟通过进一步改进衍射相位结构的生成算法、缩小相位结构的特征尺寸、优化工艺流程等来解决。

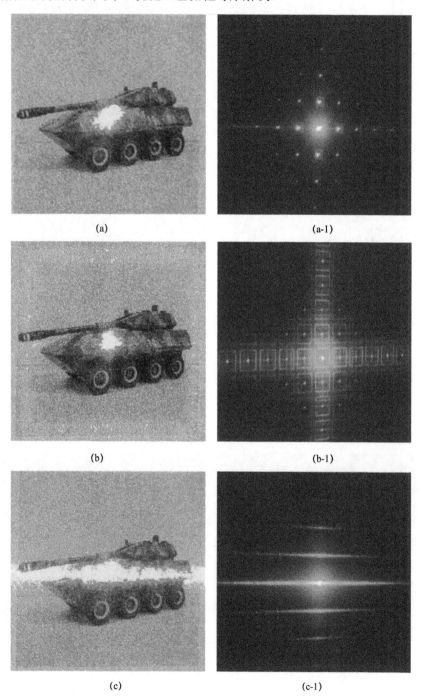

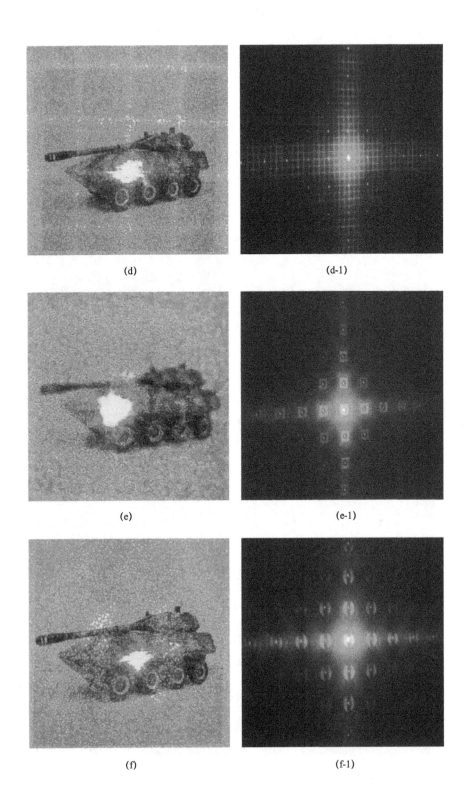

(g)　　　　　　　　　　　　(g-1)

图 5.12　在高斯干扰激光作用下的成像探测效果

(a) 成像效果（一）；(a-1) 斑点状图案分布；(b) 成像效果（二）；(b-1) 方框图案分布；(c) 成像效果（三）；(c-1) 离散线状图案分布（水平）；(d) 成像效果（四）；(d-1) 细网格图案分布；(e) 成像效果（五）；(e-1) 中空方形图案分布；(f) 成像效果（六）；(f-1) 月牙形图案分布；(g) 成像效果（七）；(g-1) 离散线状图案分布（垂直）。

5.4　具有准连续相位分布的衍射微光学波前结构

为了解决基于常规微米级光刻难以摆脱的衍射效率低、光能聚集度或光斑精细度不足、相位选择约束性强等缺陷，进一步发展了基于电子束曝光结合KOH湿法刻蚀的衍射相位结构精细制作法，期望在衍射相位算法生成和工艺方面有所突破。基于上述考虑，首先在构造具有准连续相位分布，在形貌轮廓上具有连续特征的衍射微光学结构上起步。然后通过电子束曝光制作具有纳米特征尺度的，可获得高衍射效率或高精细度或高光能聚集度微细图案的微纳衍射相位结构。

采用改进算法并通过上述微米级光刻制作的硅微光学波前结构如图 5.13 所示。其轮廓包络线方程分别为 $\dfrac{\sin^2(3\pi\sqrt{x^2+y^2})}{9\pi^2(x^2+y^2)}$、$\dfrac{\sin(3\pi\sqrt{x^2+y^2})}{3\pi\sqrt{x^2+y^2}}$、$\dfrac{\sin(4\pi\sqrt{x^2+y^2})}{4\pi\sqrt{x^2+y^2}}$、$\sin(2\pi x)\sin(2\pi y)$、$\sin(3\pi x)\sin(2\pi y)$、$\sin(4\pi x)\sin(2\pi y)$、$\cos(2\pi x)\cos(2\pi y)$、$\sin(4\pi x)\sin(3\pi y)$ 和 $\sin(4\pi x)\sin(4\pi y)$。由于各特征图形的结构尺度较小，这些结构也可视为具有连续轮廓特征的折射微光学波前结构。

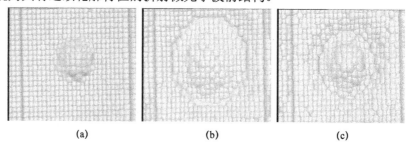

(a)　　　　　　　(b)　　　　　　　(c)

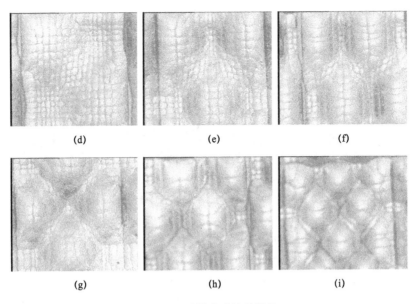

图 5.13 硅微光学波前结构

为了在可见光谱域测试所制作的微光学波前结构，将硅精细结构转移到了柔性材料上。对柔性硅胶波前结构所进行的原理测试如图 5.14 所示，从约 460mW 激光器出射的中心波长约 632nm、谱宽约 60nm、束径约 1.5mm 的红色高斯激光，经扩束镜后被均匀扩展成直径约 50mm 的宽径光束。该光束再经孔径约 3mm 的光阑限束后，照射在柔性波前结构上。该波前结构被置于可以做上下及左右移动的二维精密光学平台上。该波前样片对高斯光束的变换作用表现在远场区域。采用 CCD 相机拍摄呈现在屏幕上的光场形貌，屏幕与波前结构间的距离约为 1.2m。

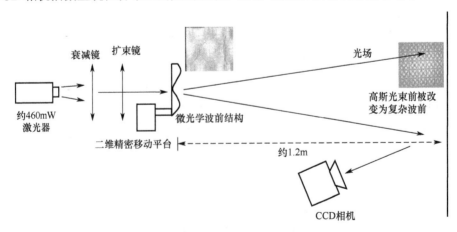

图 5.14 对柔性硅胶波前结构进行的原理测试

如图 5.15 所示，通过柔性硅胶波前结构，已成功将常规高斯入射光束转变成

由 $k_1\dfrac{\sin^2(3\pi\sqrt{x^2+y^2})}{9\pi^2(x^2+y^2)}$、$k_2\dfrac{\sin(3\pi\sqrt{x^2+y^2})}{3\pi\sqrt{x^2+y^2}}$、$k_3\dfrac{\sin(4\pi\sqrt{x^2+y^2})}{4\pi\sqrt{x^2+y^2}}$、$k_4\sin(2\pi x)$ $\sin(2\pi y)$、$k_5\sin(3\pi x)\sin(2\pi y)$、$k_6\sin(4\pi x)\sin(2\pi y)$、$k_7\cos(2\pi x)\cos(2\pi y)$、$k_8\sin(4\pi x)\sin(3\pi y)$ 和 $k_9\sin(4\pi x)\sin(4\pi y)$ 等描述的出射波前，即实现了相对复杂的光学波前发射。为了比较基于柔性硅胶波前结构，与压制在塑料基片材料上的折射波前结构的波束出射情况，均采用了如上所述的目标波前函数，测试图片显示了类似的波前出射效果。各解析关系中的常数 k 为波前关联因子，用于描述所出射的波前与相应的波前结构间的面形差异程度。该因子与高斯激光光束的形态、波前出射结构样片和光源间的距离、波前出射结构样片的材料及其形貌特征等密切相关，随波前出射结构的不同而异。通过 CCD 相机所获得的强度图像经解算后，可以获得所对应的波前。由测试结果可见，发展的改进算法可进一步应用于具有准连续相位分布的，衍射微纳光学相位结构的设计和工艺制作环节中。

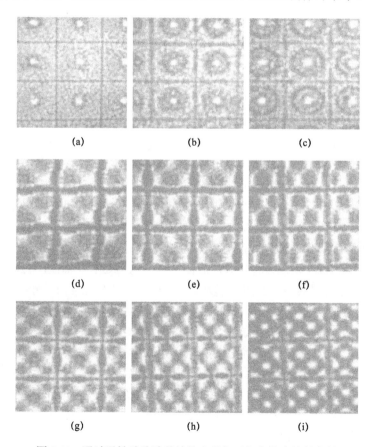

图 5.15 通过柔性硅胶波前结构实现相对复杂的光波前发射

5.5 衍射微光学远场光束整形

5.5.1 单步电子束曝光

电子束曝光是近些年快速成长起来的一种高性能光刻手段。直接通过电子束能转化,形成所需要的精细光刻图案,显示纳米级高精细结构成形效能,主要包括扫描曝光和投影曝光这两种典型形式。扫描曝光主要通过将电子束聚焦后,以逐点扫描方式,在光致抗蚀剂即光刻胶涂层上刻划图案,具有图形分辨率高但工作效率低的特点。目前已发展起来的扫描电子束曝光方式主要包括:①基于 SEM 的电子束曝光;②高斯束斑矢量扫描曝光;③高斯束斑光栅扫描曝光;④图案化形态的电子束扫描曝光等。投影曝光在近些年也得到迅速发展,是一种具备规模生产效能的超精细图形转移与生成方式。主要采用将掩模图案的电子像经微缩后转印到抗蚀剂涂层上这一方式工作。在保证图形高分辨前提下,能显著提高较大面形的曝光效能。通常在计算机控制下,直接在基片表面的光刻胶涂层上勾勒图案,具有结构制作周期相对较短、基于标记检测与定位进行高精度套刻等显著特征。

基于电子束曝光制作高分辨微细相位结构这一工作,在中国科学院苏州纳米技术与纳米仿生研究所进行。电子束曝光机为 JEOL-JBX5500ZA,主要针对纳米图形曝光成形的技术指标包括:适用样品尺寸 4in,加速电压 25～50kV,束流 30pA～20nA,最小线宽 10nm,偏转精度 18bit,场尺寸 50kV 4th mode 约 1000×1000、50kV 5th mode 约 100×100,拼接精度 40nm(4th mode)和 70nm(5th mode),套刻精度 40nm(4th mode)和 70nm(5th mode)。

进行电子束曝光前,需要完成基片表面涂布电子束光刻胶及版图数据准备等项工作。采用型号 OPTI coat ST22+系统旋转涂胶,在基片上制作厚约 3000A 的聚甲基丙烯甲酯(PMMA)曝光胶。完成涂胶的基片经热烘固化后放入样品盘中。所用电子束曝光机能识读多种格式的版图文件,包括 CIF 及 GDS 格式等。当版图上的基本图形单元的结构尺寸相差较大时,鉴于针对不同结构尺寸的图形曝光剂量间存在显著差异这一情况,需要对目标图形依据结构尺寸情况进行分层处理。较大尺寸的图形结构曝光剂量应显著大于较小图形结构。通常情况下,曝光剂量是曝光时间与束电流的乘积。束电流过小,光刻胶不能完全且充分感光。束电流过大,位于图形边缘处的光刻胶会因受到过多电子撞击赋能,影响其曝光操作的有效性和微细结构的生成精度。合理做法是:对于较大图形结构,适当增大束电流并缩短曝光时间;对于较小图形结构,为保证曝光精度和效果,适当减小束流密度。

样片制作以无须掩模版的电子束逐点扫描方式进行。曝光完成后,基片经显影和膜固化后进入干法刻蚀环节。一般而言,干法刻蚀主要包括离子束刻蚀(Ion Beam Etching,IBE)、反应离子束刻蚀(Reactive Ion Beam Etching,RIBE)及

ICP 刻蚀等常用类别。IBE 主要利用高能量、高密度的宽径或聚焦离子束，在真空或惰性氛围下轰击基片结构，使表面原子被溅射剥离来完成刻蚀操作，是一种纯物理方式的刻蚀加工手段。具有刻蚀方向性好、图形分辨率高、可加工材料的种类相对较多等特点。缺点是刻蚀材料的选择性比较差、刻蚀过程需时较长、需要对刻蚀过程施加精确控制以及存在程度不同的被溅射材料再沉积污染刻蚀工件等问题。

RIBE 是在 IBE 基础上发展起来的一种快速刻蚀方法。通过在工作腔内填充与刻蚀材料相匹配的反应气体，一般为氟化物或氯化物等，推动刻蚀反应快速进行。该方法结合了物理和化学反应作用，提高了纵向刻蚀速率，具有可进行各向异性刻蚀及图形分辨率高的特点。ICP 则利用高密度等离子体的化学反应作用，以加速推进的反应气体离子轰击被刻蚀材料，通过物理溅射方式将表面原子剥离，反应气体离子则在电场作用下与被刻蚀材料产生各向异性化学反应。ICP 刻蚀是多种作用方式的综合体现，刻蚀速率受反应气体的浓度、温度、气压等因素影响，具有刻蚀速率高、各向异性效应显著、选择比大、大面积均匀性好等特点。

所进行的 ICP 干法刻蚀，在中国科学院半导体研究所的半导体集成技术工程研究中心进行。所用设备为英国 STS 公司的 Multiplex AOE，刻蚀气体为 C_4F_8，适用于 SiO_2 和 SiC 等类材料的加工处理。具有刻蚀速率高、选择比好、均匀性强、重复性较佳、陡直度高等特点。刻蚀参数设置为 coil power 1000W、platen power 160W 及 pressure 4mTorr 等。完成 ICP 刻蚀后，选用 Tepla plasma 300 型等离子去胶机去除残余光刻胶，然后进入 KOH 湿法刻蚀环节。硅的非球形凹弧面 KOH 各向异性湿法刻蚀成形示意图，如图 5.16 所示。

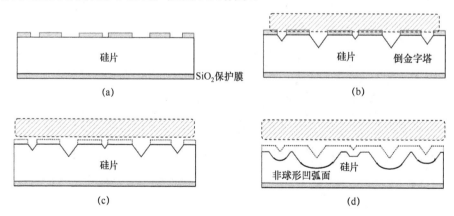

图 5.16　硅的非球形凹弧面 KOH 各向异性湿法刻蚀成形示意图
(a) SiO_2 掩模；(b) 第一步 KOH 刻蚀；(c) 去除 SiO_2 掩模；(d) 第二步 KOH 刻蚀。

干法刻蚀后的硅片表面形貌结构如图 5.17 所示。在{100}晶向的硅片上表面所生长的 SiO_2 膜，经电子束曝光、ICP 刻蚀和去胶后形成 SiO_2 掩模，在硅片的下表

面所生长的 SiO_2 膜,在化学蚀刻过程中起到保护硅材料不受酸液侵蚀作用。进行第一步 KOH 湿法刻蚀形成倒金字塔的典型过程如图 5.16(b)所示。将硅片放入约 30%wt 的 KOH 溶液中,使用磁力搅拌器加热搅拌,温度设定为 60℃,SiO_2 掩模开孔处所裸露的硅材料与 KOH 进行化学反应,总的反应式为 $Si+2OH^- +2H_2O \rightarrow SiO_2(OH)_2^{2-}+2H_2$。$SiO_2$ 材料与 OH^- 的反应作用可忽略不计。在上述反应过程中,对应较小尺寸 SiO_2 掩模开孔处的硅结构,率先形成较小尺寸的倒金字塔,此后 KOH 刻蚀操作自停止;较大尺寸 SiO_2 掩模开孔处的硅结构,随后也形成相应的较大尺寸倒金字塔,KOH 刻蚀也相继自停止。待所有 SiO_2 掩模开孔处的硅结构均形成倒金字塔后,第一步 KOH 刻蚀操作结束。硅片表面倒金字塔形硅微结构分布特征如图 5.18 所示。如在硅表面形成倒金字塔形硅微结构后,KOH 湿法刻蚀操作自停止,也就是说,即使继续延长刻蚀时间,也不再改变受 SiO_2 窗口约束的硅表面倒金字塔形硅微结构的形貌轮廓。

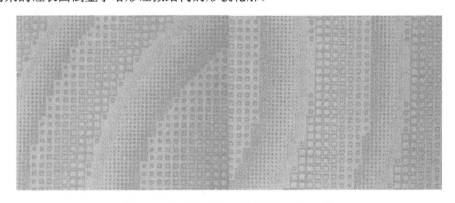

图 5.17 干法刻蚀后的硅片表面形貌结构

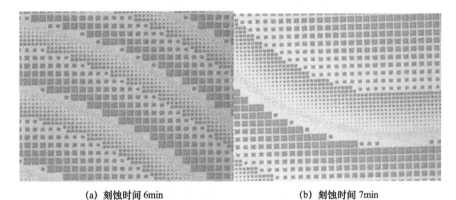

(a) 刻蚀时间 6min (b) 刻蚀时间 7min

图 5.18 硅片表面倒金字塔形硅微结构分布特征

(a) 刻蚀时间 6min;(b) 刻蚀时间 7min。

将经过第一步 KOH 刻蚀后的硅样片置于清洗台上,用吸管吸取 HF 液并滴在硅片上有倒金字塔形硅微结构的表面处，完全去除 SiO_2 掩模材料。HF 与 SiO_2 的化学反应式为 $SiO_2 + 4HF \rightarrow SiF_4 + 2H_2O$。待反应进行一段时间后，用吸管吸走溶液，再重新吸取 HF 液并滴在硅片上的相应部位。如此反复多次后完全去除 SiO_2 掩模后的硅表面形貌结构特征如图 5.19 所示。清洗吹干硅片将其再次置入 KOH 溶液中，进行第二步 KOH 湿法刻蚀，将硅倒金字塔形硅微结构演化成非球形凹弧形结构，如图 5.16（d）所示。随着 KOH 刻蚀进程的不断延续，硅片表面具有不同结构尺寸的相邻非球形凹弧面将因碰撞产生衔接或叠加，逐渐形成台阶状也就是形成两个相互邻接的相位结构。控制好刻蚀时间，将得到所需面形和轮廓构形的相位台阶。在上述过程中，应利用显微镜仔细观察硅片表面形貌轮廓变化情况。当表面形貌轮廓达到设计指标要求时，即停止刻蚀操作，完成衍射微光学相位结构的工艺制作。第二步 KOH 刻蚀结束后形成的硅相位台阶典型形貌轮廓如图 5.20 所示。经过约 15min 的 KOH 刻蚀所获得的硅样片较经约 12min 的刻蚀操作所形成的硅相位结构，显示更为圆润柔和的相位面形和轮廓、更为细碎的边界线形以及更为理想的相位构形。

图 5.19 完全去除 SiO_2 掩模后的硅表面形貌结构特征

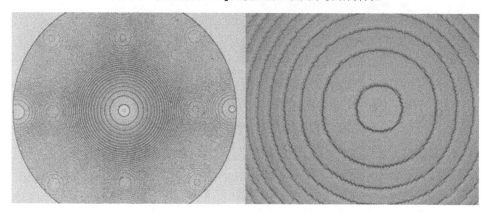

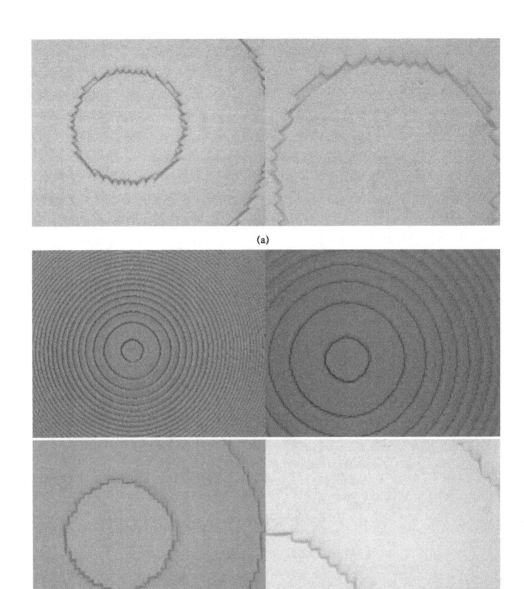

图 5.20 第二步 KOH 刻蚀结束后所形成的硅相位台阶典型形貌轮廓

(a) 刻蚀 12min 后的硅片形貌轮廓；(b) 刻蚀 15min 后的硅片形貌轮廓。

  一般而言，进行硅的 KOH 湿法刻蚀所设定的溶液浓度和温度是否合理，将直接影响腐蚀进程和硅结构的最终形貌轮廓。KOH 溶液浓度一定时，溶液温度越高则腐蚀速率越大，但并非呈线性关系。溶液温度一定时，针对不同的目标硅结构，存在一个腐蚀速率最为合理的溶液浓度区间。另外，在硅腐蚀过程中程度不同地会产生氢气泡，当它们附着在硅片表面时，也会因隔离了酸液与被刻蚀结构而对腐蚀速率产生较大影响。在用时较长的 KOH 刻蚀进程中，也需利用磁力搅拌器驱赶气泡，以减少气泡附着，降低对刻蚀速率的影响。

5.5.2 测试、分析与讨论

采用 Carl Zeiss LSM700 激光共聚焦显微镜，测试所制硅样片的三维表面形貌，如图 5.21 所示。该设备使用约 405nm 波长的激光源，z 轴向上的最小步进量 10nm，x 和 y 轴向上的最小步进量 1μm，测量结果以 3D 形式显示。可获得被测结构的高度、宽度和形貌粗糙度等参数情况。图 5.21（a）给出了硅样片中心区域的三维圆环形相位台阶形貌，图 5.21（b）给出了相关的相位台阶轮廓情况。由测试结果可

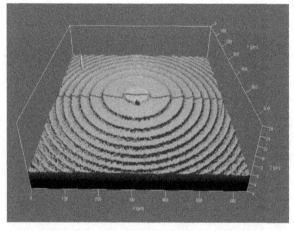

(a)

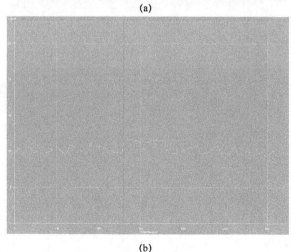

(b)

图 5.21　硅样片的三维表面形貌

（a）三维形貌；（b）台阶轮廓。

见，所形成的精细浮雕轮廓清晰、完整、平滑，各相位台阶均呈圆对称分布，台阶分界处较为陡直。

利用 KLA Tencor P16+表面探针台阶仪，测试硅结构上的相位台阶轮廓。该设备的横向分辨率为 2μm，垂向分辨率最高可达 1nm，台阶重复精度为 0.66nm。可使用直径约 2μm 的金刚石探针，精确测量相位台阶的高度、表面粗糙度及形貌轮廓。所获得的硅结构表面相位台阶轮廓测量如图 5.22 所示。图 5.22（a）和（b），分别显示了不同扫描范围内的台阶轮廓特征。测试结果表明，所形成的衍射台阶的最大高度差约 1.67μm，台阶呈轴对称分布。图 5.22（c）给出了对所选取的硅样片中心区域进行形貌测试的轮廓曲线。图 5.22（d）给出了相关区域的表面粗糙度测量情况。图中所显示的 $R_a = 52.788\text{nm}$、$R_q = 63.278\text{nm}$、$R_p = 150.16\text{nm}$、$R_v = 83.54\text{nm}$ 以及 $R_t = 233.7\text{nm}$。

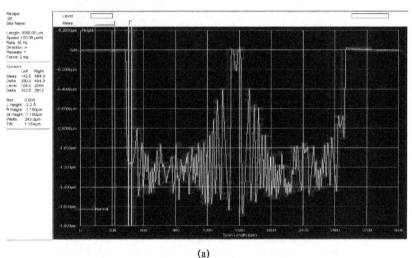

(a)

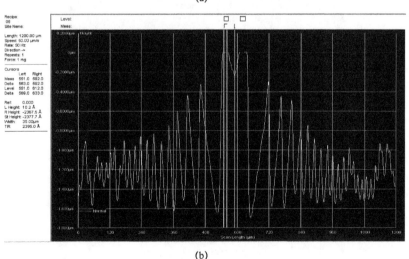

(b)

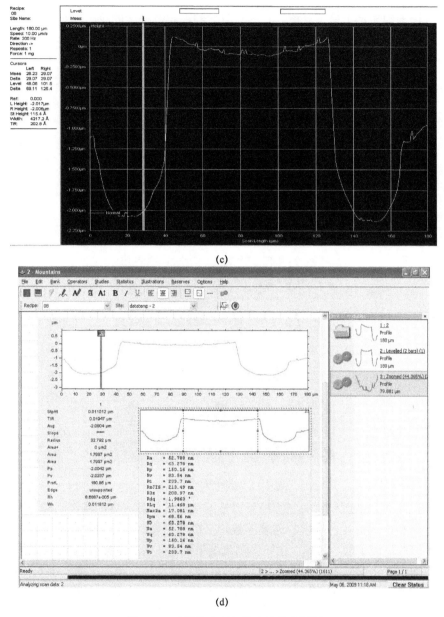

图 5.22 硅结构表面相位台阶轮廓测量

(a) 全局台阶轮廓；(b) 局部台阶轮廓；(c) 中心区域轮廓；(d) 中心结构区域的表面粗糙度情况。

利用 FEI Quanta 200 环境扫描电子显微镜，观察硅结构的纳米特征尺寸以及衍射相位的形貌轮廓结构。FEI Quanta 200 环境扫描电子显微镜在高真空模式下工作，在 30kV 加速电压处的分辨率为 3nm，可用作多种材料结构的微观形貌观察、定量测量及成分分析，在该显微镜下所观察到的硅结构 SEM 图如图 5.23 所示。测量图片清晰地显示了呈圆对称分布的台阶状精细浮雕结构的轮廓形貌。

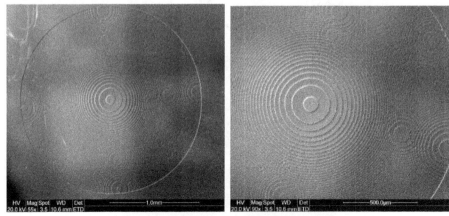

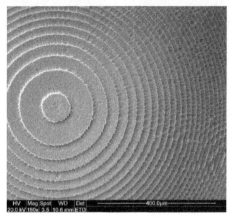

图 5.23　硅结构 SEM 图

综上所述，由所获得的三维形貌测量图片可见，具有微纳特征结构尺度的衍射微光学相位结构其台阶状的连续浮雕特征极为明显，呈圆对称分布，圆环形相位台阶间的过渡平稳、流畅。由轮廓测量结果可见，台阶轮廓呈对称锯齿状分布。所获得的台阶状轮廓参数，与所设计的衍射微光学相位结构的剖面轮廓较为接近，也呈对称分布形态。表面形貌粗糙度测量数据显示，其表面粗糙度 R_a=52.788nm，均方粗糙度 R_q=63.278nm。上述测量显示所制硅结构面形已达到光学镜面水平。

由通过电子显微镜所观测到的大景深表面形貌测量图可见，硅样片的结构参数与所设计的衍射微光学相位结构的参数指标极为接近，也验证了模型和参数配置的合理性和有效性。硅样片表面所分布的大量精细图形结构，也就是所对应的衍射微光学相位结构，也显示了所发展的 KOH 湿法刻蚀工艺流程，在发展精细图形结构制作技术方面，仍存在巨大发展潜力。

通过在深度各异的硅表面相位结构上涂敷硅胶并无损剥离，制成了柔性衍射微光学胶模，从而较为有效地完成了衍射相位结构的转印制作。柔性材料为美国 Dow Corning 公司的 SYLGARD-184 硅橡胶。将其基本组分与固化剂以 10∶1 比例混合并搅拌混匀后，铺展在硅样片表面，静置平放 72h，待混合液固化为柔韧的透明弹性体后，将其从硅片上揭下即可用于光学性能测试。硅样片表面的残留硅胶，可在 120℃的浓硫酸中充分浸泡约 30min 后去除。

对柔性衍射微光学胶模所进行的常规光学性能测试如图 5.24 所示。图 5.24(a) 所示为测试原理，图 5.24(b) 显示了实际搭建的测试光路情况。测试光源为中心波长约 650nm 的固体激光器，使用激光光束分析仪（DataRay Taper CamD UCM）测量焦面上的光强分布及焦斑尺寸。被测样品与放大物镜间的距离为 d_1，放大物镜与激光光束分析仪间的距离 $d_2 = 220$mm，放大物镜的放大倍率为 6 倍，激光光束分析仪的物镜放大倍率为 2.8 倍。在测试过程中，在调节 d_1 距离的同时，记录激光光束分析仪所测量的光强分布，并通过测试计算机显示出来。图 5.25 显示了在不同 d_1 处的光束光强分布测量结果。

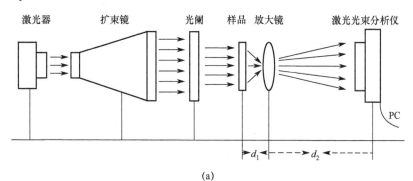

(a)

(b)

图 5.24 常规光学性能测试

（a）测试原理；（b）测试光路。

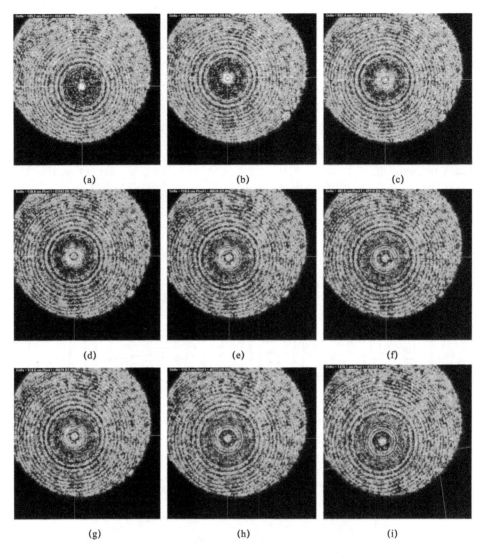

图 5.25 在不同 d_1 处的光束光强分布测量结果

(a) $d_1 = 8\text{mm}$；(b) $d_1 = 7\text{mm}$；(c) $d_1 = 6\text{mm}$；(d) $d_1 = 5\text{mm}$；(e) $d_1 = 4\text{mm}$；(f) $d_1 = 3.5\text{mm}$；(g) $d_1 = 3\text{mm}$；(h) $d_1 = 2.5\text{mm}$；(i) $d_1 = 2\text{mm}$。

针对不同的 d_1 取值，由激光光束分析仪所记录的聚焦光斑的半高宽数据可推算出光斑直径。与 d_1 值对应的光斑结构尺寸如表 5.1 所列。常规光学聚焦性能测试数据显示，所得到的聚焦光斑亮度较大，光斑相对细锐，呈现出了较佳的聚光效能。结合光斑直径变化趋势可初步推断，该柔性衍射相位结构样片的最小焦斑直径约 $1.5\mu\text{m}$。由常规衍射极限关系 $R = 0.61\dfrac{\lambda}{NA}$ 可知，最小焦斑半径 $R = 1.254\mu\text{m}$。

由此可知，该样片的光汇聚能力已突破了光衍射极限。

表 5.1 与 d_1 值对应的光斑结构尺寸

d_1 /mm	8	7	6	5	4	5.5	3	2.5	2
r /μm	5.24	2.50	2.19	1.99	2.31	2.18	1.87	1.41	1.85

实验测试表明，通过硅基 KOH 湿法刻蚀特性，制作面向远场聚焦态光分布衍射成形的微光学相位结构，除需要保证各工艺步骤的实施质量外，还应注意以下几个细节。

（1）在电子束曝光过程中，掩模版图上的大孔间隔较小，如 5.8μm 尺寸的大孔间隔为 0.2μm，曝光大孔需要较大电子束剂量，开孔会因邻近效应进一步扩大。孔间部分的曝光胶会变薄而发生表面结构连接现象。开孔连接对后续工艺的影响将是致命的，需尽量避免。小孔可能会因曝光剂量不足而未成形，或因曝光剂量过大而使开孔尺寸显著扩大，影响微纳衍射结构的面形完整性和精细度。检验电子束曝光质量主要通过观察大孔是否扩大或连接，以及小孔是否完全曝光等进行。如发生以上情况，应去除曝光胶，重新涂胶与曝光。

（2）在干法刻蚀过程中，如选用 AOE 刻蚀，若刻蚀时间不足，硅表面会残留 SiO_2 材料。进行第一步 KOH 刻蚀时，需先腐蚀掉残留的 SiO_2 才能刻蚀硅材料，会导致 SiO_2 掩模变薄、开孔尺寸变大以及小孔不能有效转印到硅片表面而丢失图形细节信息，对最终的微纳衍射结构的影响极大，应尽量避免。由于 AOE 刻蚀对 SiO_2 和硅材料的刻蚀选择比高，刻蚀陡直性好，在保证开孔不连接的情况下过腐蚀可被允许。如果电子束曝光后，大孔产生微弱连接，经 AOE 刻蚀后，相互连接的图形会因被转印到 SiO_2 掩模上而传递到后续工序中。

（3）在 KOH 湿法刻蚀进程中，理论上第一步 KOH 刻蚀在形成倒金字塔形后，刻蚀操作将自停止。实际上，当 SiO_2 掩模和硅片若黏附力未达标，会发生底蚀现象，即 SiO_2 与硅片在结合部位发生横向侵蚀，将导致倒金字塔形结构出现不规则形变，并使顶部尺寸变大。因此，当所有尺寸的初始开孔均有效形成倒金字塔形结构后，应尽早从 KOH 溶液中取出硅片并冲洗吹干。进行第二步 KOH 刻蚀时，因反应较为剧烈，能观察到硅片表面产生大量气泡，即使有少量气泡驻留在硅片表面，也会影响硅材料的刻蚀速率以及所形成的硅结构的表面粗糙度。除通常所使用的通过磁力搅拌器产生涡流，驱使气泡快速脱离硅片表面外，也可以采用超声波振荡或添加表面活性剂等方式，加快气泡驱赶和刻蚀进程。

（4）在运行整个工艺流程过程中，需要多次清洗硅片。一般采用 RCA 法，包括去脂、去有机污垢、去金属离子、去 SiO_2 膜、去金属杂质等。可将硅样片充分置于丙酮和去离子水中，使用超声波振荡清洗硅片。对于黏附有硅橡胶的硅样片，可先用加热到约120℃的浓硫酸浸泡，再用丙酮和去离子水超声波振荡清洗，均可达到较好效果。

5.6 适用于毫米级近场光束整形的衍射微光学结构

5.6.1 关键工艺流程

制作适用于毫米级近场，具有准连续相位分布的圆对称衍射微光学相位结构的工艺流程与前述情况大体一致。进行第一步 KOH 湿法刻蚀后的硅样片如图 5.26 所示，其中，图 5.26（a）显示了中心区域的倒金字塔形结构分布情况，图 5.26（b）给出了相邻衍射相位结构在结构过渡区域处的倒金字塔形分布情形。进行第二步 KOH 湿法刻蚀后的硅样片形貌如图 5.27 所示，其中，图 5.27（a）给出了经过 5 倍放大后的衍射微光学相位结构样片的全景图，图 5.27（b）所示为经过 10 倍放大后的中心衍射相位区域的全景图，图 5.27（c）给出了将图 5.27（b）放大 20 倍后的显微照片，图 5.27（d）给出了经过 50 倍放大用以显示相邻衍射相位结构的轮廓特征细节情况。由图 5.27 可见，所制作的硅衍射微光学相位结构显示了极佳的形貌轮廓。基于硅样片按照前述工艺制成的柔性硅胶衍射微光学结构照片如图 5.28 所示，图中的黑色圆环为光学支撑底架。

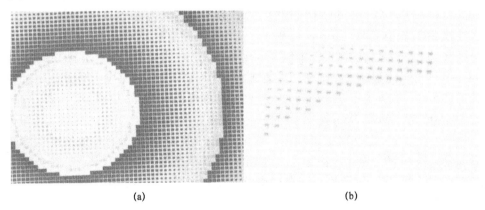

图 5.26 执行第一步 KOH 湿法刻蚀后的硅样片
（a）中心衍射相位区域；（b）相邻衍射相位的过渡区域。

针对制作适用于毫米级近场，具有圆对称分布特征的衍射微光学相位结构，在工艺执行环节应注意以下问题。

（1）在硅样片制作过程中，在工艺允许的误差范围内，经电子束曝光和 ICP 刻蚀后的微孔的孔径尺寸较设计尺寸略有增大，这种现象对于制作亚微米孔径的微孔（孔径尺寸为 0.1～0.5μm）来说尤为明显。最小孔径尺寸为 0.1μm 的微孔，平均孔径尺寸被放大到 0.16～0.18μm，如图 5.29 所示，所产生的结构误差已较大。孔径尺寸大于 1μm 的微孔所扩大的孔径尺寸约为 0.1μm，所产生的结构误差较小。因此，在设计工艺版图时，可将微孔的孔径尺寸略微缩小些，以抵消工艺误差影响。

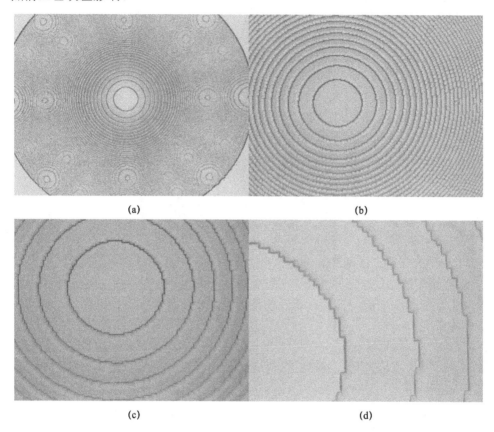

图 5.27 进行第二步 KOH 湿法刻蚀后的硅样片

（a）5 倍放大；（b）10 倍放大；（c）20 倍放大；（d）50 倍放大。

图 5.28 柔性硅胶衍射微光学结构照片

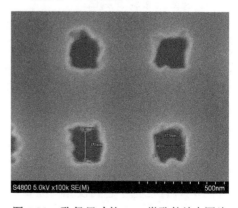

图 5.29 孔径尺寸约 1μm 微孔的放大图片

（2）进行 ICP 刻蚀前，应通过实验摸索优化工艺参数。SiO_2 膜厚和生长方式，所采用的光刻胶类型和胶膜厚度等，都对 ICP 刻蚀参数的合理选择有较大影响。刻蚀参数失配可能导致刻蚀出的图形尺寸变大、图形结构出现锯齿状边缘等现象，如图 5.30 所示。

图 5.30　微孔边缘经刻蚀后呈锯齿状

（3）在进行 KOH 湿法刻蚀操作前，首先应仔细检查硅片表面形貌，去除可能的表面残留物，如杂质颗粒等，避免杂质与腐蚀性溶液发生反应而生成难以去除的反应物或杂质。其次要合理选择刻蚀时长，避免因刻蚀时间不足而得不到预期的轮廓结构，以及刻蚀用时过长又可能导致图形粘连或者产生过腐蚀等。

（4）在刻蚀操作过程中应对 KOH 溶液进行搅拌，防止反应物停留在硅结构表面而减缓反应进程，同时应及时驱离反应产生的气泡，避免引发硅表面出现不平整现象。

5.6.2　特征属性表征与测试

特征测试包括样片的表面结构形貌测试和常规光学性能测试详见下列内容。

1. 表面三维轮廓测试

采用蔡司 LSM700 激光共聚焦显微镜，对硅结构进行三维微纳形貌测试。设备的主要性能指标为：x、y 轴向分辨率 R_{xy}=0.4 波长/数值孔径，待测样品最大厚度可为 1～2mm，样品最小光切厚度约 40nm，z 轴向最大分辨率为 0.35μm，扫描速度慢速挡单向 220 lines/s 512×512 为 2～3s，双向 440 lines/s，扫描速度中速挡单向 450 lines/s 512×512 约 1.7s，双向 900 lines/s，扫描速度快速挡单向 1000 lines/s 512×512 约 0.7s，双向 2000 lines/s。硅微纳结构的三维表面形貌测试结果见图 5.31，其中，图 5.31（a）和（b）分别为沿 x 轴向和 y 轴向的测量结果。如图 5.31 所示，所制样片的圆对称三维台阶轮廓清晰，相位面形规则完整，所获得的参数指标情况表明，样片已完全达到设计指标要求。

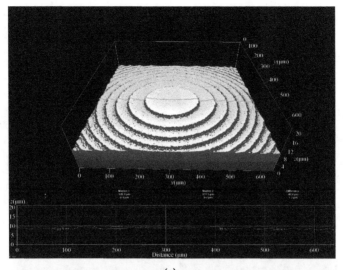

(a)

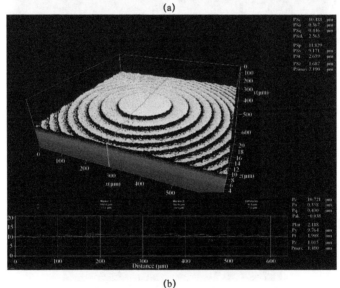

(b)

图 5.31 硅微纳结构的三维表面形貌测试结果

（a）沿 x 轴向测量；（b）沿 y 轴向测量。

2. 表面微纳结构形貌测试

采用荷兰 FEI 公司 Quanta 200 环境扫描电子显微镜，对所制硅结构的表面微纳形貌进行观察测量。该设备的主要技术参数为：分辨率（高真空模式）5.0nm@30kV 和 10nm@3kV，（低真空模式）5.0nm@30kV 和 12nm@3kV，（环境真空模式）5.0nm@30kV，背散射电子像 4.0nm@30kV；样品室压力最高 2600Pa，加速电压 200V～30kV 连续可调；样品台移动范围 x、y 轴向均为 50mm；冷台温度检测精度为 0.5℃，操作温度范围为 -5～60℃，热台操作温度最高 1000℃；EDAX 能谱能量分辨率 130eV，成分范围为 B~U，束斑影响区约 1μm。样片的表面微纳形貌 SEM 图如图 5.32 所示。由图 5.32 可见，样片的中心圆台相位及其周边的圆环台相位的面形轮廓清晰、完整，相位台阶结构层次有序、顺畅，已达到设计指标的限定性要求。

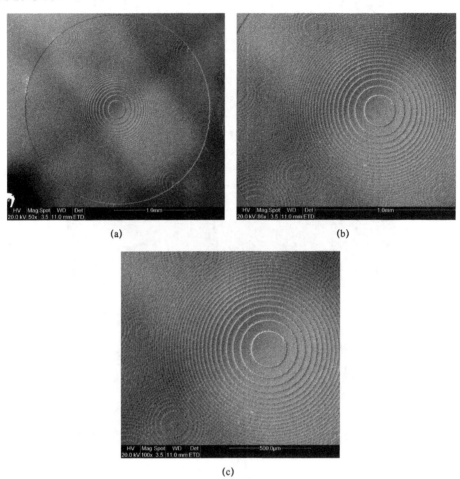

图 5.32　样片的表面微纳形貌 SEM 图

（a）圆对称分布的整体微纳形貌；（b）中心圆台相位的环相位形貌；（c）中心圆台相位的微纳形貌。

3. 表面轮廓及面形粗糙度测试

采用 KLA TENCOR P16+型表面探针式台阶仪，对硅结构的表面轮廓及表面粗糙度进行测试。该设备的主要技术参数为：台阶重复精度 6Å（1Å=10^{-10}m）或 0.1%@1σ，最小扫描精度模式 13μm/0.001Å，扫描范围横向 8in（1in=25.4mm）和垂向 440μm，横向分辨率 2μm，垂向分辨率 0.01Å，金刚石探针@2μm 和 60°。所制硅样片的剖面轮廓如图 5.33 所示。在测试区域内的样片轮廓呈中心对称分布，从中心点向外依次分布高低起伏的连续相位台阶,其中心区域的相位台阶深度较大、间隔较密;两侧则显示相位台阶的深度相对较浅、间隔较大。硅衍射微光学相位台阶的深度测试结果如图 5.34 所示。测试结果显示,第一级相位台阶的深度约 1.501μm,宽度约 13μm;第二级相位台阶的深度约 1.154μm,宽度约 13μm;第三级相位台阶的深度约 1.015μm,宽度约 15μm。硅样片的表面粗糙度测试结果如图 5.35 所示。测试数据表明,中心圆形相位平台的表面粗糙度约 2715.2Å,达到光学镜面要求;中心局部凹坑用半径近似的半幅宽度分别为 870.6Å、925.0Å 和 411.3 Å。

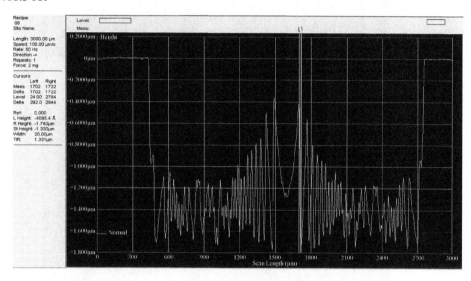

图 5.33　硅样片的剖面轮廓

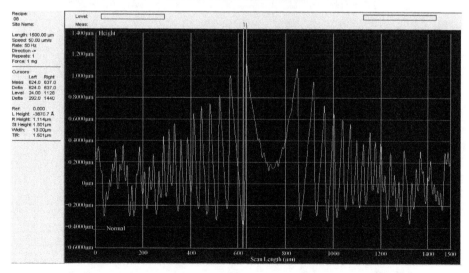

(a)

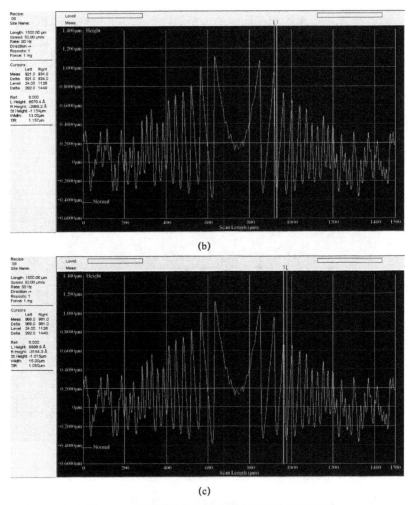

图 5.34 硅衍射微光学相位台阶的深度测试结果

（a）一级相位台阶深度；（b）二级相位台阶深度；（c）三级相位台阶深度。

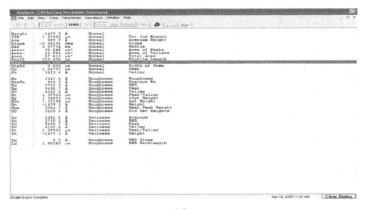

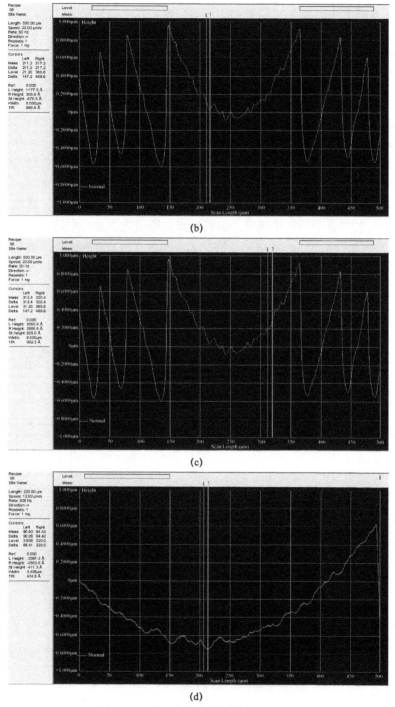

图 5.35 硅样片的表面粗糙度测试结果

（a）中心相位圆台的表面粗糙度测试结果；（b）中心局部凹坑的半幅宽约 870.6Å；（c）中心局部凹坑的半幅宽约 925.0Å；（d）中心局部凹坑的半幅宽约 411.3Å。

由图 5.35 可知，所制硅结构的表面粗糙度为几十纳米尺度，已达到光学镜面要求。形成的圆环形相位台阶较为陡峭，一级台阶深度达到 1.5μm。整体样片的表面相位台阶轮廓清晰、完整、光滑、顺畅。

5.6.3 常规光学性能测试与评估

测试所制柔性衍射微光学样片的情况如图 5.36 所示，其中，图 5.36（a）所示为测试原理，图 5.36（b）为实验仪器配置。如图 5.36（a）所示，激光器出射的红色激光光束经扩束后射向一个孔径光阑，由其出射的光强分布均匀的细光束被导入测试样片，经制作在柔性样片上的衍射相位调制后的出射光束，再被放大并射入 WinCamD 激光光束分析仪。激光光束分析仪的输出数据经计算机上所配置的 DataRay 软件分析后产生图形数据并输出。所用红色激光光束的中心波长约为 650nm，光阑孔径 1.5mm，放大物镜的放大倍率为 6 倍，放大物镜距被测试样片约 3mm，激光光束分析仪的物镜放大倍率为 2.8 倍。设所测试的样片与放大物镜间的

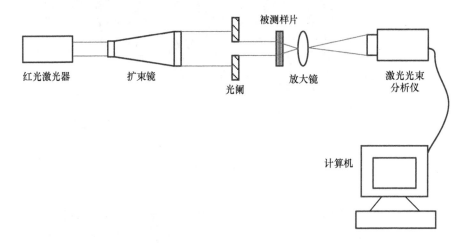

(a)

(b)

图 5.36 测试柔性衍射微光学样片的情况

（a）测试原理；（b）实验仪器配置。

距离为 l，放大物镜与激光光束分析仪间的距离为 l'，光束分析仪所测试的汇聚光斑直径为 d'，则实际获得的焦斑尺寸满足 $d = \dfrac{l}{l'} \times d'$ 关系。

激光光束分析仪的测试结果如图 5.37 和图 5.38 所示。图 5.37 给出了改变测试样片与放大物镜间的距离时的系列聚焦效果图。通过改变被测样片与放大物镜间的距离 l，可得到一组能够动态显示光束渐次聚光和散光变化效果图。图 5.38 给出在约 4.7mm 处形成的焦斑中心光强分布以及焦斑尺寸的测试结果。其中，图 5.38（a）显示了焦斑中心的三维光强分布，图中的衍射环左侧的光强不均匀亮斑由激光光束的不稳定分布造成。由图 5.38（b）和（c）所示的测试数据可见，用光束分析仪获得的焦斑尺寸 d' 约为 65.2μm（v 轴向）和 87.0μm（u 轴向），实际焦斑尺寸约为 1.5322μm（v 轴向）和 2.0445μm（u 轴向）。焦斑测试数据与计算结果如表 5.2 所列，其中的 x_1 和 x_2 分别表示图 5.38（b）和（c）中的中心光强分布其半高宽所对应的横向坐标值。综合测试数据与计算结果可知，所形成的焦斑呈椭圆形，其结构尺寸在 1.5322～2.0445μm。

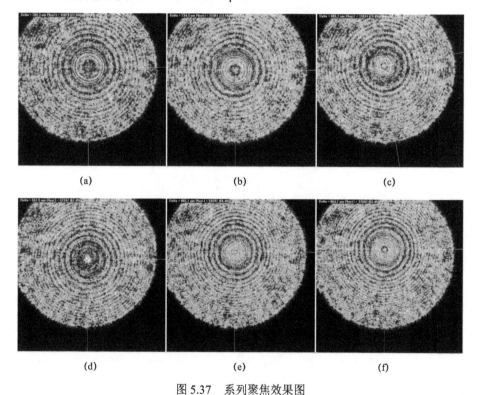

图 5.37　系列聚焦效果图

(a) l =1.0mm；(b) l =2.5mm；(c) l =4.0mm；(d) l =4.7mm；(e) l =5.0mm；(f) l =7.5mm。

分析测试数据可知，焦斑的实测结果比理论值（0.5μm）大了 3～4 倍，其原因如下：

(1)在设计阶段将连续相位分布量化成了 38 级台阶。

(2)在 CIF 版图设计阶段,对开孔做了近似和筛选处理。

(3)电子束曝光与后续的 ICP 刻蚀,会使所设计的微孔的孔径尺寸变大(最大误差可达到 80%)。

(4)KOH 湿法刻蚀工艺本身存在不确定性,通常会因误操作引入较大误差。

(5)在进行微纳精细图形转移过程中,由于存在较大的硅胶表面张力,使其不能完全渗透到硅表面微纳结构中,即硅精细图形结构不可能完全转移到硅胶上。

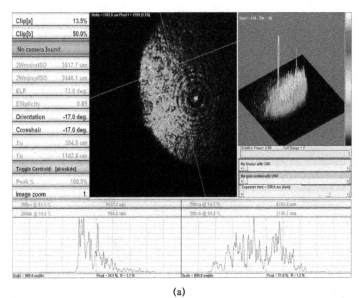

(a)

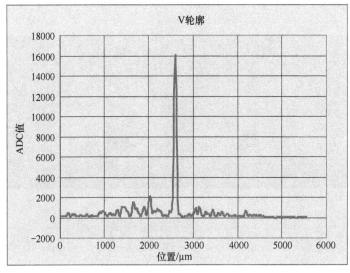

(b)

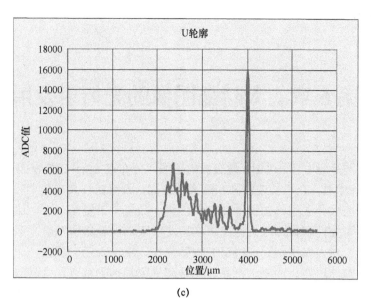

(c)

图 5.38 焦斑尺寸测试图

(a) 平面和三维聚焦效果图；(b) 焦斑中心光强分布（v 轴向）；(c) 焦斑中心光强分布（u 轴向）。

表 5.2 焦斑测试数据与计算结果

轴向	$x_1/\mu m$	$x_2/\mu m$	$d'/\mu m$	l/mm	l'/mm	$d/\mu m$
u 轴向	3970.0	4057.0	87.0	4.7	200	2.0445
v 轴向	2577.8	2645.0	65.2	4.7	200	1.5322

（6）受现有激光器的出光功率和光束形态稳定性以及仪器测试精度的限制，均难以达到有效测量微纳尺寸光斑的精度要求，也会引入较大的测量误差。

5.7 小结

本章给出了衍射微光学相位结构的基本制作流程、关键参数配置和一些设计实例。讨论了衍射微光学相位结构的基本工艺特征，涉及单步曝光、干法刻蚀、湿法腐蚀等关键性环节。通过单步光刻，不仅能制作微纳米特征尺度的高精细图形结构，也可有效避免套刻所产生的精度误差。KOH 湿法刻蚀利用特定晶向硅材料的各向异性湿法腐蚀特性，可用来进行精细衍射微纳图形结构的制作，同样呈现出与干法刻蚀类似选择比较高、能刻蚀出相对陡直的倾斜边界面等特征。所涉及的关键工艺均属标准微电子工艺，具有技术成熟度高、可重复性好、成本相对低廉以及可组织衍射微光学相位结构的工业化生产等特点。

第6章 太赫兹图像的光衍射发射

太赫兹波是频率在 10^{12}Hz 量级的电磁波，分布在 0.1～10THz 频段，或者在 30～1030μm 谱域，介于长波红外和毫米波之间。太赫兹波具有光学和射频二元属性，主要对应大分子结构的振动和转动能级，具有频谱资源丰富，比射频电磁波更好的波束可控性和传播方向性，可实现窄波束高能量集中发射，穿透深度大，作用距离远，对人体组织无（极低）辐射损伤，敏感陶瓷、塑料、无机非金属材料、骨质、泡沫材料、油墨、毒品、化学和生物制剂等特点。太赫兹成像探测技术是近些年涌现出来的一项新兴的成像探测手段，相对射频成像方式显示成像分辨率高、成像对比度和均匀性好等特征。在反恐、假币识别、邮政安全、危险生化物质检测、公共安检、生物医学成像、塑料地雷探测和飞行器复合材料无损探查，空天基太赫兹成像探测、导航制导与通信等领域，具有广阔发展潜力和应用前景。本章主要涉及采用硅基 KOH 湿法刻蚀工艺，制作用于太赫兹图像发射的衍射相位结构的基本方法与属性。

6.1 太赫兹波衍射相位结构与光刻版图

在太赫兹频段构建用于图像发射的衍射相位结构，需仔细权衡太赫兹激光器的出光频率及其带宽情况，以适应频带宽广的太赫兹波基于频率或波长依赖的衍射发光特征。目前所拥有的太赫兹激光器的典型发光特征如表 6.1 所列。

表 6.1 太赫兹激光器的典型激光发射特征

波长/μm	频率/THz	Pol	泵浦线	工作气体	发射功率/mW
109.29	2.75	P	9P24	CH_2F_2	56.5
116.73	2.55	N	9R24	CH_2F_2	74.5
118.83	2.52	N	9P36	CH_3OH	88
122.4	2.45	N	9R22	CH_2F_2	58.3
134	2.24	N	9P22	CH_2F_2	54.3
158.51	1.89	P	9P10	CH_2F_2	64.6
184.31	1.63	N	9R32	CH_2F_2	42.5

由表 6.1 可见，所使用的太赫兹激光器通过采用不同工作介质可以发射多频率的激光光束，并具有相对固定的带宽。本章仅针对 118.83μm、122.4μm 和 158.51μm 这三个典型波长点，开展建模、仿真、设计、制样片、性能测试和评估等工作。共选取 64 幅图片并分为八组，按照图片内容将其分为三类，即实景航拍图、常见标准图形、文字和字母等。与各图形对应的衍射相位结构均布设在同一块硅片上，某信息性衍射图形类别如表 6.2 所列。

表 6.2 在硅片上布设的信息性衍射图形类别

图形组编号	波长/μm	目标图像类别	图形数量/幅
No.1	158.51	实景航拍图像序列	8
No.2	118.83	实景航拍图像序列	8
No.3	122.40	实景航拍图像序列	8
No.4	118.83	实景航拍图像序列	8
No.5	122.40	常见标准图形	8
No.6	118.83	常见标准图形	8
No.7	122.40	复杂文字图形	8
No.8	158.51	复杂文字图形	8

采用相对成熟的 GS 算法对各图形数据进行仿真计算，其仿真参数设置情况如表 6.3 所列。一般而言，在红外波段进行仿真计算的采样距离通常设置为 10～20μm，采样矩阵可达 256×256，甚至更高。鉴于太赫兹的长波长属性，与其对应的版图开孔尺寸同样较大，如典型的 200μm 采样距离等。太赫兹激光光束的高斯半径较为有限，通过常规扩束所能达到的高斯半径也常低于 8mm。为便于开展后期实验测试与评估，目前将版图尺寸原则上限制在 8mm 以内。在目前条件下，4mm 是较为理想的取值数据。鉴于版图开孔尺寸和采样距离受采用的 KOH 湿法刻蚀工艺条件制约，为了保证版图的尺寸配置，能够较容易地通过所采用的工艺路线有效实现，降低采样矩阵规模就成为一项合理选择。

表 6.3 在硅片上所布设的衍射相位结构其仿真参数设置情况

图形组编号	波长/μm	采样距离/μm	采样矩阵规模	衍射距离/m	对应版图尺寸/mm²
No.1	158.51	250	16×16	1.0	4.0×4.0
No.2	118.83	180	32×32	0.7	6.8×6.8
No.3	122.40	180	32×32	0.9	6.8×6.8
No.4	118.83	200	32×32	1.0	6.4×6.4
No.5	122.40	180	32×32	0.7	6.8×6.8
No.6	118.83	200	32×32	1.0	6.4×6.4
No.7	122.40	180	32×32	0.7	6.8×6.8
No.8	158.51	250	16×16	1.0	4.0×4.0

以图形编号为 No.6 的简单三角形为例展开示范性仿真设计，基于目标图形特征构建特定的衍射相位数据体系和分布形态后，将太赫兹高斯光束投射到相位结构上，以透射方式发射衍射图像的典型情形如图 6.1 所示。图 6.1（a）显示了拟利用的高斯激光光束情况，图 6.1（b）所示为所选用的目标图形，图 6.1（c）显示了通过仿真计算所得到的衍射相位分布情况。通过采用 256 色构建成灰度相位图，对应 0～2π 的相位分布。0 灰度值用黑色表示，代表相位为 0；255 灰度值用白色表示，代表相位值为 2π。图 6.1（d）显示了在不同衍射距离处的仿真图像出射情况。如图 6.1 所示，由于衍射矩阵规模不足，所发射的衍射图像较目标图形已产生较为明显的形变。因此，对简单图形而言，所发射的衍射图像一般与目标图形较为接近，可以满足常规使用要求。对于复杂图形如实景航拍图像，如果衍射矩阵规模不足而显著降低了分辨率，则将导致所发射的衍射图像较目标图像会产生严重形变这一现象，甚至极端情形下可用图像已损毁来描述。

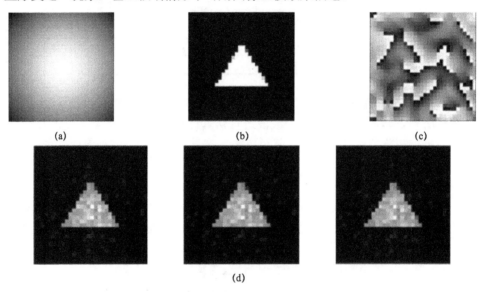

图 6.1　以透射方式发射衍射图像的典型情形

（a）高斯入射光斑；（b）目标图形；（c）衍射相位分布；（d）不同衍射距离处的仿真出射图像。

在太赫兹频域，所构建的衍射相位图和掩模版开孔间的参数对应转换，依然满足常规关系。在 KOH 湿法刻蚀条件确定后，仅需获知特定波长的太赫兹波在硅材料中的折射率，即可得到衍射相位图与掩模版图间的对应转换系数情况。由于目前关于太赫兹波的若干基础属性尚未完全明晰，太赫兹波在硅材料中的折射率数据并不完全准确。针对这一情形，应当依照不同波长的太赫兹波在硅材料中的透过率与材料折射率的对应关系，计算所选用的三个太赫兹波长处的硅材料折射率。

太赫兹波在硅材料中的典型透过率分布曲线如图 6.2 所示，图中，横坐标表示厘米长度的波数，纵坐标表示太赫兹波透过率。单位厘米长度波数与波长的对应

关系为

$$N = 1000/\lambda \tag{6.1}$$

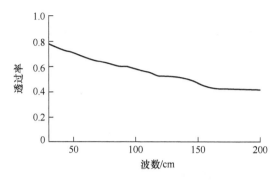

图 6.2 太赫兹波在硅材料中的典型透过率分布曲线

通常情况下，太赫兹波折射率与反射率满足以下关系，即

$$R_n = \left(\frac{n-1}{n+1}\right)^2 \tag{6.2}$$

由式（6.2），有

$$n = \frac{2}{1-\sqrt{R_n}} - 1 \tag{6.3}$$

由式（6.1）可知，与波长分别为 118.83μm、122.4μm 和 158.51μm 对应的太赫兹波数分别为 84/cm、81/cm 和 63/cm。与上述三个太赫兹波长对应的透过率的一组典型数据为 0.6125、0.6188 和 0.6625，不考虑光吸收损耗的反射率数据为 0.3875、0.3812 和 0.3375。将上述反射率数据代入式（6.3）后，可得到三个所选用波长处的太赫兹波折射率，其典型值分别为 4.298、4.228 和 3.773。上述数据仅具有参考意义，在实际过程中应对其进行适应性调整。基于上述计算可得到太赫兹波的衍射相位图以及光刻版图中面向开孔的方形图案尺寸所满足的转换关系。

118.83μm 波长的太赫兹波所满足的转换关系为

$$d_{118.3\mu m} = 102.95 \operatorname{mod}_{2\pi} \varphi(x,y) \tag{6.4}$$

122.4μm 波长的太赫兹波所满足的转换关系为

$$d_{122.4\mu m} = 108.34 \operatorname{mod}_{2\pi} \varphi(x,y) \tag{6.5}$$

158.51μm 波长的太赫兹波所满足的转换关系为

$$d_{158.51\mu m} = 163.32 \operatorname{mod}_{2\pi} \varphi(x,y) \tag{6.6}$$

考虑到适用于太赫兹波的光掩模版在制作工艺、成本以及参数精度方面的限制性要求，开孔尺寸被硬性规定大于 2μm。基于此考虑，在编程过程中，将小于 1μm 的开孔尺寸均进行了近似处理，即小于 1μm 的舍弃、1～2μm 间的统一按 1μm 处

理，即

$$d_0 = \begin{cases} 0, & d_0 < 1 \\ 2, & 1 \leq d_0 \leq 2 \end{cases} \quad (6.7)$$

针对图形编号为 No.6 的简单三角形，所得到的衍射相位图和光刻版图的典型特征如图 6.3 所示。其中，图 6.3（a）所示为衍射相位图，图 6.3（b）显示了光刻版图的全貌形态，图 6.3（c）给出了光刻版图的局部区域放大形态。由图 6.3（c）可见，在太赫兹频段上的开孔尺寸其相互间的差别相对较大，有时甚至相差悬殊，如较大的开孔尺寸可在 100μm 以上，而最小的开孔尺寸仅为 2μm 甚至更小。在后续的 KOH 湿法刻蚀过程中，如何控制尺寸相差悬殊结构的刻蚀进程，是加工制作太赫兹波衍射相位结构所需解决的重、难点问题。将所设计的 64 个版图结构综合布放到一起所构建的光刻版图如图 6.4 所示。

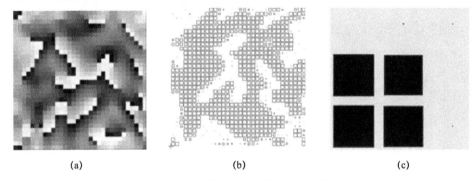

(a)   (b)   (c)

图 6.3　衍射相位图和光刻版图的典型特征

（a）衍射相位图；（b）光刻版图全貌；（c）版图局部放大结构。

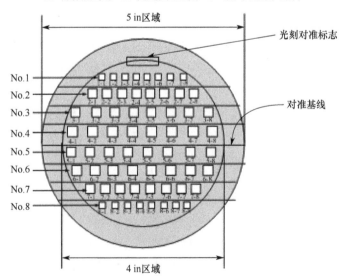

图 6.4　太赫兹光刻版图相对硅片的结构分布示意图

6.2 硅基太赫兹波衍射相位结构湿法蚀刻

硅基太赫兹波衍射相位结构的工艺制备,与前述章节中通过 KOH 湿法刻蚀,制作可见光和红外衍射相位结构有较大差别。在可见光或红外谱域,版图开孔一般最大约 5μm。在太赫兹频段,开孔范围则为 2~150μm,尤其是在极大开孔与极小开孔相邻近时,KOH 刻蚀操作的控制难度极高。基于上述情况,首先选取编号为 No.4 的图形结构开展尝试性试验,通过评估刻蚀结果和参数指标情况,对所选取的其他图形结构将开展的 KOH 刻蚀操作提供参数依据,如最重要的 KOH 刻蚀时长等。

针对太赫兹波衍射相位结构的 KOH 湿法刻蚀制作,同样存在两个相对独立的 KOH 刻蚀步骤:通过第一步 KOH 湿法刻蚀,获得硅倒金字塔形结构;通过第二步 KOH 湿法刻蚀,将硅倒金字塔形结构演化成可用球面近似的弧面结构。由于在太赫兹频段的光刻版图通常具有相对较大的开孔尺寸,对 KOH 刻蚀时间的把控就显得极为重要。在实际执行硅结构的 KOH 刻蚀操作过程中,有时也采用通过对腐蚀进程中的硅片多次中断其刻蚀处理,对已形成的形貌结构进行观察研判这一方法,对 KOH 湿法刻蚀进程进行跟踪掌控。典型的 KOH 湿法加工步骤如下。

1. 第一步 KOH 刻蚀

太赫兹硅结构的第一步 KOH 湿法刻蚀时长约 305min,典型的湿法刻蚀处理效果如图 6.5 所示。选择有较大开孔尺寸的图形区域进行 KOH 刻蚀效果比对分析。由第一组即顶行图片可见,在硅样片的 KOH 刻蚀进行到约 15min 时,左侧图所示的开孔尺寸为 5μm 的小孔,已演化成硅倒金字塔形结构,在显微镜下可以观察到一个平面十字叉形,标志着硅倒金字塔形结构已构建完毕。右侧图所示的开孔尺寸约 120μm 的大孔,则仍显示{100}晶向硅平面端面,仅在开孔处的边缘轮廓显示变粗痕迹。在硅样片的 KOH 刻蚀时间进行到约 75min 时,由第二行图片可见,相对约 40μm 以下尺寸的开孔,硅倒金字塔形结构已基本成形,仅剩余不多的中心待刻蚀的{100}晶向硅小面。100μm 以上尺寸的开孔边缘被继续加粗,即硅基{100}晶向的硅平面正逐步因 KOH 刻蚀而下陷,{111}晶向的硅晶面已出现。在显微镜下显示为已逐渐加粗扩展的黑色方孔轮廓边线,如左侧图所示的较大尺寸开孔呈现相对细的轮廓边线,即出现较小面形的{111}晶向的硅晶面;如右侧图所示的较小尺寸开孔呈现相对较粗的轮廓边线,即出现较大面形的{111}晶向的硅晶面这些典型情形。

当硅样片的 KOH 刻蚀进行到约 165min 时,由第三行图片可见,小尺寸开孔针对形成硅倒金字塔形结构的 KOH 刻蚀已基本停止,硅倒金字塔形正逐渐转入由 KOH 刻蚀所导引的非球形凹弧面成形这一进程。不同尺寸的较大开孔则仍显示

{100}晶向的硅小面即图中的方形持续下陷,{111}晶向的硅倒金字塔形硅晶面逐渐变大这种结构形态,如左侧图所示。从右侧图仍可观察到与上述较大尺寸开孔相邻接的小尺寸开孔,其硅倒金字塔形结构已模糊甚至消失。所观察到的在硅片上的保护膜其颜色发生改变,与保护膜变薄有关,但保护作用依然存在。

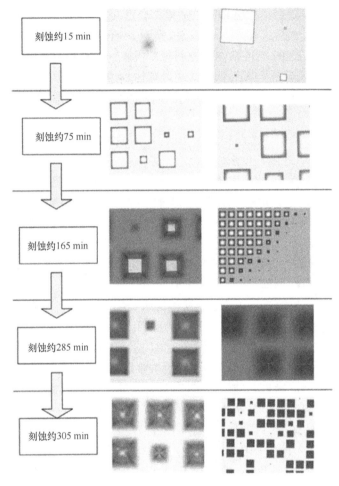

图 6.5　第一步 KOH 湿法刻蚀处理效果

当硅样片的 KOH 刻蚀进行到约 285min 时,由第四行图片可见,小尺寸孔已由硅倒金字塔形转变为非球形弧面,由大尺寸孔形成的硅倒金字塔形也开始转入由 KOH 刻蚀所导引的非球形弧面成形这一进程,典型标志是硅倒金字塔形结构的尖端凹角已出现钝化迹象,如左侧图所示;右侧图则显示了因 KOH 刻蚀持续进行使硅倒金字塔形完全转变为非球形弧面,即已呈现第二步 KOH 刻蚀所独有的非球形凹弧面构建特征。由于未去除硅表面的 SiO_2 掩膜,由 KOH 刻蚀成形的非球形凹弧面,仍由 SiO_2 方形窗口界定。当硅样片的 KOH 刻蚀进行到约 305min 时,由第五行（底行）图片可见，特别选取的与特定尺寸开孔对应的硅倒金字塔形结构，均呈现良好的 KOH 刻蚀自停止现象，如左侧图所示。测量发现，在硅样片的 KOH 刻蚀自停止后的硅结构顶面尺寸，比设计尺寸略有增大，形貌结构如右侧图所示。仔细评估实验片的形貌结构参数，可以估算出硅的 KOH 刻蚀速率约为 30μm /h。不同的开孔尺寸需要配置不同的反应刻蚀时间。其他 7 组图形结构按照上述方式进行刻蚀操作的典型最大时长如表 6.4 所列。

表 6.4　第一步 KOH 刻蚀的最大时长

图形组编号	No.1	No.2	No.3	No.5	No.6	No.7	No.8
腐蚀时间/min	300	300	330	300	330	330	390

2. 第二步 KOH 刻蚀

第一步 KOH 刻蚀操作结束后，用 HF 溶液去除硅表面的 SiO_2 掩模，然后开始第二步 KOH 刻蚀。第二步 KOH 刻蚀反应比第一步剧烈得多，反应结束后可得到台阶形的相位结构，其湿法刻蚀用时由采样距离决定。通过利用经优化的 KOH 刻蚀时长数据，可得到表面相位台阶形貌较为理想的面形和高度或深度分布。图 6.6 为第二步 KOH 湿法刻蚀处理效果。图 6.6（a）所示的相邻开孔尺寸较为接近时的腐蚀成形结果，可观察到各台阶底部较为光滑、平整；图 6.6（b）显示了典型的大孔和小孔间过渡区域的腐蚀特征，图中所示的深度不一的台阶间过渡区域相对狭窄，符合衍射相位台阶应尽可能呈直立形态这一形貌轮廓要求；图 6.6（c）则显示了位差较大的多层台阶形态结构。通过进行上述工艺所制得的硅样片如图 6.7 所示。

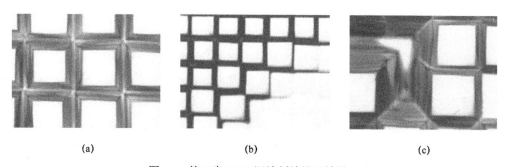

(a)　　　　　　　　　(b)　　　　　　　　　(c)

图 6.6　第二步 KOH 湿法刻蚀处理效果

在图 6.7 所示的硅样片中，有五组图形的 KOH 湿法刻蚀成形效果较为理想，图形编号分别为 No.2、No.4、No.5、No.7 和 No.8。其他三组图形编号分别为 No.1、No.3 和 No.6 的工艺成形效果与预期差别较大，主要可归结为执行前期工艺操作需要积累工艺经验以及一些操作失误。典型操作失误包括超声清洗损坏了较薄硅片上的细微结构、刻蚀用时过长使小尺寸开孔结构被破坏等。

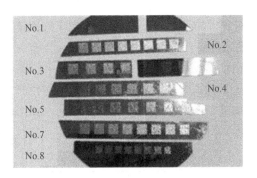

图 6.7 所制得的硅样片

6.3 典型特征评估

对所制作的硅基太赫兹波衍射相位样片进行表面轮廓测量和太赫兹图像发射效能测试评估。测试所制样片的相位台阶轮廓及深度情况，在中国科学院半导体研究所进行。所用设备为美国 Tencor 公司的 10-03000 台阶仪，主要技术指标包括垂直测量范围为 0.01~350mm、垂直分辨率为 1nm、扫描长度为 0.05~50mm、水平分辨率为 10nm。在测试过程中，通过在所制硅样片上选取若干典型区域，进行台阶仪轮廓形貌测试，所得到的轮廓形貌曲线如图 6.8 所示。其中，图 6.8（a）和（b）上的曲线均为所测量的硅相位台阶的局部表面轮廓曲线。图 6.8（a）和（b）所示的硅台阶其顶面和底面的表面粗糙度均为 10μm，台阶深度最大值均为 70μm。由相邻不同尺寸开孔所演化的相位台阶，呈现较为理想的形貌和深度状态，已呈现较好的刻蚀效果。

在图 6.8（a）所示的右侧部位，因开孔尺寸相对较小，形成了深度较浅平台。图 6.8（b）中的右侧部位则因尺寸较大，形成较深平台，由测试曲线可明显区分出各预设开孔分布情况。需要注意的是，相邻开孔的尺寸差别较大时，会出现较大尺寸开孔，因硅结构快速向外扩张，显著侵蚀较小开孔的图形轮廓这一现象。在图 6.8（b）左侧，在理想情况下，在坐标 150~300μm 间应该出现平面，但测量结果显示平面已被侵蚀而留下不多的剩余部分。

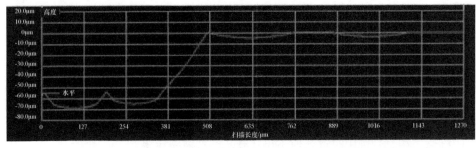

(a)

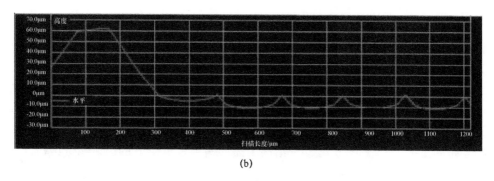

(b)

图 6.8 台阶仪轮廓形貌测试曲线

基于衍射相位结构发射太赫兹图像的测试原理和测试光路如图 6.9 所示。所使用的太赫兹激光器为美国相干公司的 SIFIR50THz 激光器，主要参数指标为：输出功率大于 50mW（多谱线），输出波长范围为 40~1020μm，功率稳定性在 ±5%/h 内，单频光谱纯度大于 −50dBc，输入功率 200~240V@Ac（60Hz，<12AmPS）。所使用的太赫兹探测器为美国 Spiricon 公司的 Pyrocam Ⅲ超宽光谱相机，主要参数指标为：测量波长范围 157~355nm 和 1.06~3000μm，像素规模 124×124，面积 12.4mm×12.4mm，像素尺寸 85μm×85μm，灵敏度 220nW/像素（24Hz）、2.2MW/cm²（24Hz），功率损伤阈值 8W/cm²，脉冲工作模式。

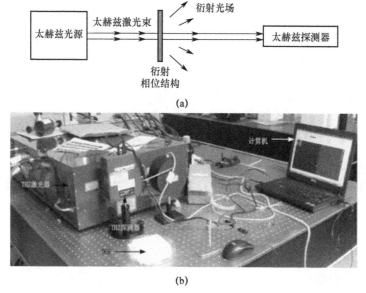

图 6.9 基于衍射相位结构发射太赫兹图像的测试原理和测试光路

(a) 测试原理；(b) 测试光路与主要仪器装置。

利用硅基衍射相位结构发射太赫兹图像的实测结果如图 6.10 所示。其中，图 6.10（a）给出了所使用的太赫兹激光器其本征高斯出射光束的振幅分布情况。

图 6.10（b）给出了图形编号为 No.6.8 的衍射相位结构，对太赫兹激光束进行衍射调制操控的局域效果，太赫兹波振幅分布为三角图。图 6.10（c）给出了图形编号为 No.8.2 的衍射相位结构的太赫兹波衍射调制操控结果，太赫兹波振幅分布为汉字"中"。图 6.10（d）给出了图形编号为 No.6.7 的衍射相位结构对太赫兹波束的衍射调制操控结果，太赫兹波振幅分布为人眼图形。图 6.10（e）给出了图形编号为 No.8.5 的衍射相位结构，对太赫兹波束的衍射调制操控结果，太赫兹波振幅分布为汉字"大"。图 6.10（f）给出了图形编号为 No.6.6 的衍射相位结构，对太赫兹波束的衍射调制操控结果，太赫兹波振幅分布为星形。由于太赫兹波在大气中的衰减效应极为明显，衍射距离超过 0.3m 后，所用探测器则难以捕获低功率的太赫兹信号。在仿真中所设置的 1m 衍射距离，在实际测试过程中缩短到约 0.2m 时才显示有明显的信号输出。

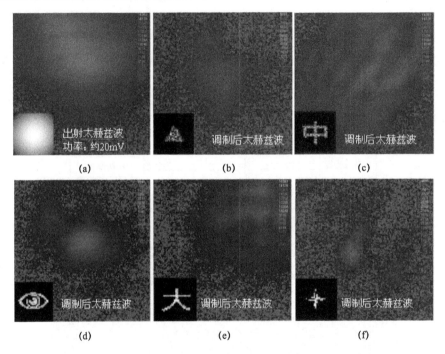

图 6.10 利用硅基衍射相位结构发射太赫兹图像的实测效果

对测试结果进行对比分析的情况如图 6.11 所示。图 6.11 中包括两组图形，每组图形中的左侧第一列为目标图形，第二列为将衍射距离设为 1m 时的仿真振幅分布，即衍射图像情况，第三列为将衍射距离设置为 0.2m 时的仿真振幅分布，即衍射图像情况，第四列为相关成像测试结果。对比第二列和第三列图形可知，太赫兹波衍射光场较可见光和红外波段的相关情形而言，具有像场深度被显著减小这一特征，显示了潜在的太赫兹波衍射聚焦的可能性。对比第三列和第四列图形可知，太赫兹成像测试结果与仿真情况较为接近，结果较为理想。针对其他图形编号的衍射相位结构发射太赫兹图像的实测效果如图 6.12 所示。

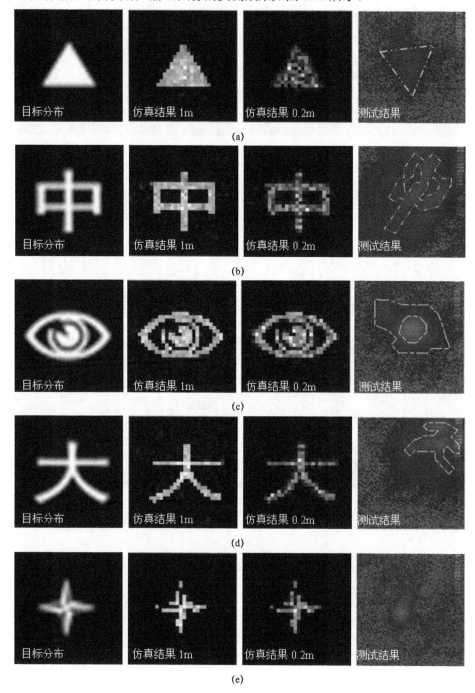

图 6.11 太赫兹成像测试结果对比

(a) 图形编号 No.6.8；(b) 图形编号 No.8.2；(c) 图形编号 No.6.7；(d) 图形编号 No.8.5；(e) 图形编号 No.6.6。

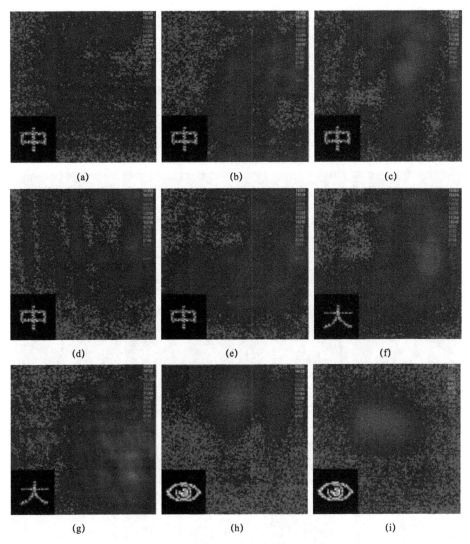

图 6.12 其他图形编号的衍射相位结构发射太赫兹图像的实测效果典型的太赫兹衍射成像效果测试情况

(a) 图形编号 No.8.2;(b) 图形编号 No.8.2;(c) 图形编号 No.8.2;(d) 图形编号 No.8.2;(e) 图形编号 No.8.2;(f) 图形编号 No.8.5;(g) 图形编号 No.8.5;(h) 图形编号 No.6.7;(i) 图形编号 No.6.7。

由图 6.12 可见,其他图像编号的衍射相位结构发射太赫兹图像的实测效果与仿真情形相差较大,进一步表明太赫兹波衍射光场较可见光和红外波段的类似衍射光场,具有更为狭窄的衍射像场景深这一特征。可预见的情形是,各图形编号的衍射像场在小于 1m 的某位置处,可产生最为清楚的也就是空间分辨率最高的衍射图像。在该位置前后的衍射像场,则在空间尺度上会迅速收缩和扩展。在图 6.12 中的各分图左下角处的插图,均为相应的仿真图像。由于目前太赫兹图像技术和成像探测技术仍处在快速发展阶段，成像质量仍有待提高。考虑到太赫兹波在大气中的传播和分布特征，为便于执行仿真设计和成像测试，基于目前已有的太赫兹激光源和探测设备情况，衍射距离一般设置在 0.3m 以内。

6.4 衍射相位结构设计与实现

基于已掌握的基础工艺和实验测试数据情况，针对构建用于发射太赫兹图像的衍射相位结构开发了相应的设计软件，可有效完成由期望输出图形运算，输入光场的空间相位分布，进一步转化为原理样片制作所需的开孔孔径数据等核心计算。通过引入经验工艺参数，可得到与实际情况更为接近的用于掩模版生成的微小图案结构尺寸和空间排布形态。为了便于程序编写、调试和修改，软件所涵盖的各功能均进行了模块化处理。软件主要包括可视化界面生成模块、默认参数设置模块、相位计算模块及 CIF 格式文件生成模块等，通过这四个主要模块可完成太赫兹波衍射调控的相位计算以及用于工艺制作的孔径计算。相位计算模块主要包括：程序状态设置；参数读取；输入光场、输出光场及传递函数初始化；相位恢复计算；结果输出等关键部分。

图 6.13 所示为太赫兹波衍射相位结构设计软件的控制界面，图中已载入默认参数设置。所选取的太赫兹波长为 109.29μm、开孔尺寸为 109.29μm，像面距离为 4000μm。采样矩阵由期望输出图形的大小尺寸决定，在仿真计算中不可更改。设置了三个功能按钮，即"openfile"按钮、"calculate"按钮和"default"按钮。其中的"calculate"按钮与"default"按钮同常规功能类似。"openfile"按钮为选取期望输出图形按钮。单击"openfile"按钮后，将弹出"期望图形文件选择"对话框，如图 6.14 所示。在该对话框中选择期望输出图形的文件后，单击右下角的"打开"按钮。此时软件将调用期望图形读入模块，读入图形文件并转化为矩阵，进

图 6.13　太赫兹波衍射相位结构设计软件的控制界面

一步将矩阵显示在软件主界面的"期望图形"区域。仿真中选择文件"22yi0.jpg",此图形为数字"1",如图 6.15 所示的读入所期望的"输出图形"对话框。由图 6.15 可见,这时的"矩阵大小"显示出了采样矩阵的大小为 36。期望输出图形设置完成后可以单击"calculate"按钮开始计算处理,计算结果显示如图 6.16 所示。其中的"输出图形"表示由软件计算得出的相位数据可得到 1 的成像效果。"取舍精度"表示由于工艺限制,需要舍去较小相位后的成像效果。由图 6.16 可见,舍去较小相位数据后对成像效果的影响相对较小。

图 6.14 "期望图形文件选择"对话框

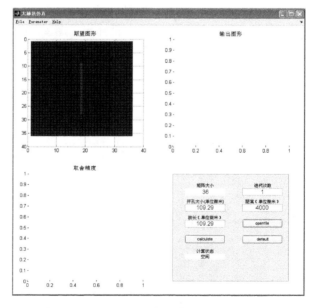

图 6.15 读入所期望的"输出图形"对话框

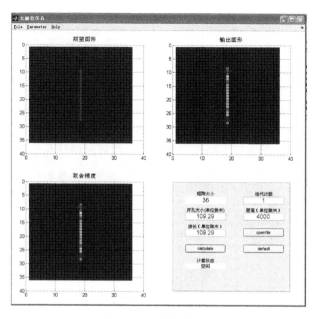

图 6.16 计算结果显示

如图 6.16 所示,在表示图形结构的竖直线状色标中,底端深色表示能态低,顶端深色表示能态高。由图 6.16 可见,期望图形为光能,几乎呈均匀分布的数字"1"形。但计算结果虽然显示整体光能分布形态仍是数字"1"形,能量分布并不均匀,呈现中间部位能态低、两端能态高的形态特征。为了更好地观察仿真效果,采用了 bmp 图形方式查阅计算结果,如图 6.17 所示。图 6.17(a)所示为期望图形,图 6.17(b)所示为输出图形,图 6.17(c)所示为舍去较小相位结构,完成相位匹配后的图形结构。

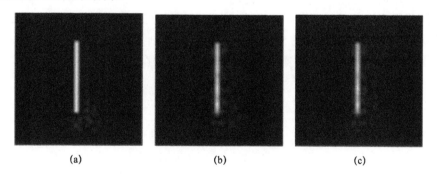

(a)　　　　　　　　　(b)　　　　　　　　　(c)

图 6.17　以 bmp 格式显示图形

6.4.1　KOH 湿法蚀刻

在完成相位估算和匹配后,依据工艺参数特征计算制作衍射相位结构所需开孔的孔径数据。选择 109.29μm 波长的太赫兹波进行示范性计算。将参数值

$n(\lambda) = 4.4415$ 和 $\alpha = 0.35$ 代入孔径计算式 $D_{max} = \dfrac{\lambda}{\alpha[n(\lambda)-1]}$ 中，可得 $D_{max} = 90.74\,\mu m$。由于 $D_{max} < \lambda$，为了获得好的图像发射效果，开孔大小取为波长级。器件总尺寸取为 4mm×4mm，采样矩阵取为 36。确定上述参数后，使用软件生成 cif 版图文件。通常情况下，基于硅基 KOH 湿法刻蚀工艺存在多项限制性约束，所能完成的衍射相位结构其最小孔径尺寸为 3μm。通过金相显微镜下的掩模版图案形态，如图 6.18 所示，图中的不同孔径深色方形均对应拟开孔图案。

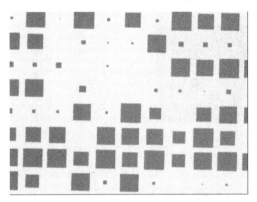

图 6.18　金相显微镜下的掩模版图案形态

太赫兹波衍射相位结构制作在单晶硅材料上，选择晶向 {100}、直径 5in、双面抛光、厚约 390μm 的硅片作为基片。首先对硅片进行热氧化处理，为了在工艺执行过程中有效保护硅片，在其上、下两个端面上均生长厚约 500nm 的 SiO_2 保护膜。硅片准备完成后，通过执行光刻工艺将掩模版图形转印到 SiO_2 保护膜上，形成用于进行功能化 KOH 刻蚀的阵列化 SiO_2 窗口。光刻工艺在中国科学院半导体研究所的集成技术工程研究中心完成。光刻后通过 ICP 干法刻蚀，将光刻胶图形转移进 SiO_2 保护膜上，形成 SiO_2 掩模。完成 ICP 刻蚀后的硅片形貌如图 6.19 所示。图 6.19 中的浅色方形图案阵列为所形成的阵列化硅窗孔。

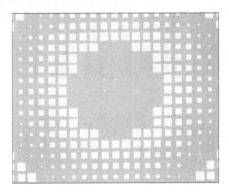

图 6.19　完成 ICP 刻蚀后的硅片形貌

在 SiO$_2$ 掩模保护下,通过第一步 KOH 刻蚀形成的硅倒金字塔形结构如图 6.20 所示。图 6.20(a)为通过 SiO$_2$ 掩模,将{100}晶向的硅材料裸露出来的阵列化方形窗口分布图;图 6.20(b)显示了典型的窗口处硅材料被 KOH 刻蚀,形成 4 个正快速成形的倾斜侧面,以及中心处的{100}晶向的硅面,随 KOH 刻蚀进程的推进逐渐下沉的典型中间态的形貌特征;图 6.20(c)显示了已成形硅倒金字塔形结构,而使 KOH 的刻蚀操作自停止后的硅形态特征,图中的凹中心亮点对应硅倒金字塔形的凹尖顶。

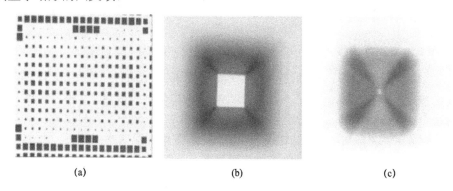

图 6.20 通过第一步 KOH 刻蚀形成的硅倒金字塔形结构

第一步 KOH 刻蚀结束后,用 HF 腐蚀掉硅倒金字塔形结构间的 SiO$_2$ 保护膜,经充分清洗吹干后再次置入 KOH 溶液中,进行第二步 KOH 刻蚀,局部硅片的典型刻蚀效果如图 6.21 和图 6.22 所示。图 6.21(a)显示了用于太赫兹光聚焦所构建的衍射相位结构其中心区域的形貌特征;图 6.21(b)显示了为衍射发射数字"1"所构建的相位结构其中心区域的形貌特征。图 6.22 所示为经过较长时间的 KOH 刻蚀后,上述两个衍射相位结构的局部硅片典型刻蚀效果。由图 6.21 可见,通过 KOH 湿法刻蚀工艺能有效获得较为平滑的底面结构,完全达到了设计要求。由图 6.22 可见,如果让 KOH 刻蚀操作进行得过长即过腐蚀,衍射相位结构也会呈现近似球形的弧面结构。

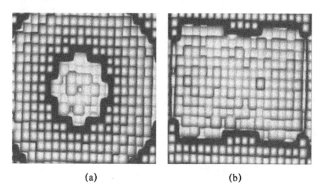

图 6.21 第二步 KOH 刻蚀持续较短时间的局部硅片典型刻蚀效果

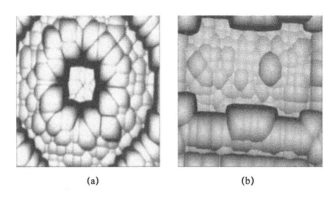

图 6.22 第二步 KOH 刻蚀持续较长时间的局部硅片典型刻蚀效果

针对若干特殊情形，如同时存在孔径最大值 90.7μm 和最小值 3μm 这种典型的极端数据，KOH 刻蚀操作常会引起小孔径硅结构刻蚀完成后，大孔径硅结构依然处在刻蚀早期；或者大孔径硅结构刻蚀完成时，已导致小孔径硅结构出现过腐蚀等类现象。解决方案：①在结构设计阶段，合理配置即取舍数据体系；②将 KOH 刻蚀操作合理划分为若干阶段，在相应阶段重点关注结构形貌演化部位，将其他硅结构部位通过覆膜或 3D 打印加载微颗粒方式加以保护；③将大孔径图案结构等效替换成阵列化的小孔径图案配置；④相应于拟开孔尺寸情况，SiO_2 掩模被制作成厚度渐变的结构形态。

6.4.2 测试、讨论与分析

完成硅片制作后，需要对其性能进行测试评估，测试设备配置如图 6.23 所示。所用太赫兹光源为美国相干公司的 SIEIR 50THz 激光器，输出功率约束在多个谱线上均大于 50mW。所制作的硅基衍射相位结构紧贴在太赫兹激光器的光输出端口，探测器为 Pyrocam III 超宽光谱相机，其输出信号由计算机处理后以图形方式显示。

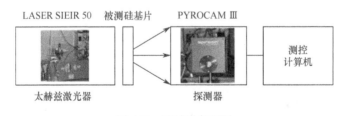

图 6.23 测试设备配置

为了与仿真结果进行比对，增加相应的软件模块用以模拟实验结果，图 6.24 给出了相应的硅片测试软件界面。考虑到仅针对太赫兹样片进行测试评估，对参数设置做了相应简化，仅显示需要部分。由于"矩阵大小"由"期望图形"决定，计算过程中不可更改。计算开始前先单击"期望图形"按钮，将弹出"读入

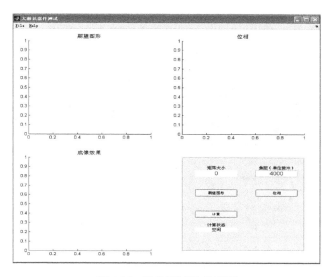

图 6.24 硅片测试软件界面

期望图形"对话框。在文件列表中首先选择需要的图形文件,单击"打开"按钮,程序将读入图形文件并显示在软件界面中,如图 6.25 所示;然后单击"位相"按钮设定相位文件,程序将读入相位文件并显示在软件界面中,如图 6.26 所示的"读入相位文件"对话框;最后依据实验中实际衍射测量位置设定距离,单击"计算"按钮,程序将计算出仿真结果。分别在距离 4000μm 处和 4800μm 处进行了实验测试,仿真结果如图 6.27 和图 6.28 所示。硅片测试结果最终以图形方式通过测试计算机加以显示。

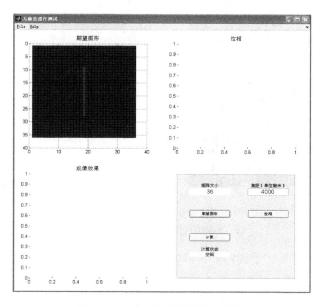

图 6.25 "读入期望图形"对话框

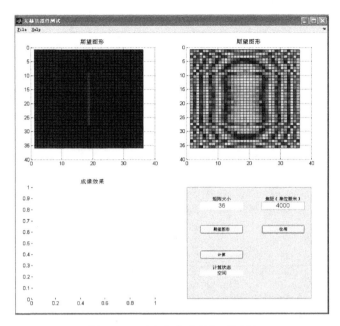

图 6.26 "读入相位文件"对话框

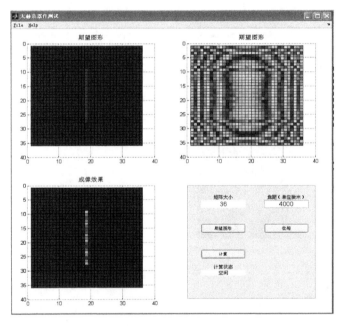

图 6.27 距离设置为 4000μm 时的仿真结果

通过实验分别测试了四种器件和硅片,分别为普通的太赫兹透镜、太赫兹聚光器件、可形成数字"1"的衍射相位结构样片及太赫兹波衍射聚焦样片。图 6.29～图 6.31 分别给出了太赫兹激光源的出射波束形貌及能量分布、普通太赫兹聚焦透镜成像效果及所研发的太赫兹波衍射聚焦样片成像效果。由图 6.29 可见，太赫兹激光源的出射波束并非理想的高斯波束，由图 6.30 可见，普通太赫兹聚焦透镜呈现较佳的太赫兹成像效果，光场能量已高度集中在焦点附近，焦点能量最大值已达到白色色标程度。

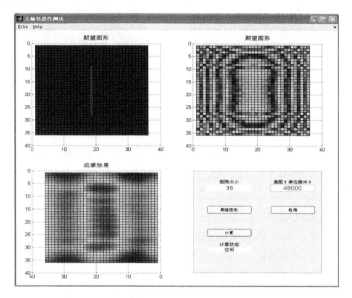

图 6.28　距离设置为 48000μm 时的仿真结果

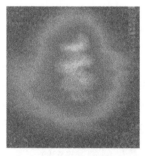 

图 6.29　太赫兹激光源的出射波束形貌及能量分布

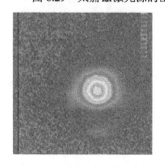 

图 6.30　普通太赫兹聚焦透镜成像效果

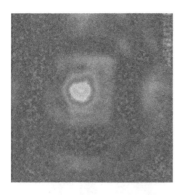 

图 6.31 太赫兹波衍射聚焦样片成像效果

由图 6.31 可见，尽管所研发的太赫兹波衍射聚焦硅片已呈现较佳的聚焦效能，但光场能量并非完全集中在焦点附近，而是在焦点周围形成类圆形的多环状光分布，由此成功地测量到了太赫兹激光器的点扩散函数，较为完美地获得太赫兹波束的空间频谱分布行为。这是图 6.30 所示的普通太赫兹聚焦透镜所无法做到的。

为了比对控光效能情况，将太赫兹光场测试数据列在表 6.5 中。从表 6.5 所列的测试能量值来看，所发展的太赫兹波衍射聚焦样片与普通太赫兹透镜大体一致，但峰值却相差一半，中心波束的能量集中度为 50%左右。也从另一侧面印证了所实现的太赫兹空间频谱测量的有效性及其与可见光和红外波束的明显差异。通常情况下，可见光和红外波束的中心聚能光束的能量集中度在 80%以上，比太赫兹光波高约 30%。

表 6.5　太赫兹光场测试数据

器　件	维　数	距离/mm	峰值/mW	总值/mW
光源	2	48	164750	6817754
光源	3	48	137350	5735065
透镜	2	50	477850	2460438
透镜	3	50	475850	2487940
器件	2	48	252300	2201845
器件	3	48	248200	2247958

图 6.32 给出了期望发射图像是数字"1"的太赫兹波衍射相位结构的成像效果。其中图 6.32（a）为近距离测量结果，图 6.32（b）为 4800μm 处的测量结果，它们均与仿真结果基本吻合。尤其需要注意的是，与太赫兹波衍射聚光样片类似，在期望图像周围发现较为明显的光环分布，并且在方形中心光能分布区域的外围存在近似圆环形的光场分布，进一步显示了在形成明显的太赫兹空间频谱分布方面的有效性。

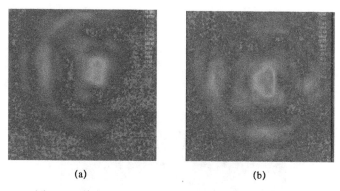

图 6.32 数字"1"的太赫兹波衍射相位结构成像效果

图 6.33～图 6.59 分别给出了多种针对出射不同太赫兹图像所发展的硅衍射相位结构（衍射样片）的仿真与测试结果。各图均分为上、下两个部分，上部是仿真计算结果，其中图（a）是期望输出图形，图（b）是仿真输出图形，图（c）是舍去小尺寸小端面相位结构后的输出图形；下部图（d）是针对所制作的太赫兹波衍射相位结构获得的实际成像测试结果。图 6.33～图 6.48 所示对应的衍射样片尺寸为 6mm×6mm、像素分辨率为 54×54。图 6.49～图 6.59 所示对应的衍射样片尺寸为 4mm×4mm、像素分辨率为 36×36。比较测试结果可知，由于所制衍射样片的结构尺寸远小于出射的太赫兹光场波长，衍射样片仅在一个正方形内成像，在成像范围四周均存在较强的非预期光场分布，这些光场可能来源于衍射样片整体太赫兹波束的衍射变换作用。比较上述两种衍射相位结构的测试结果发现，衍射样片外形尺寸增大后，非预期的衍射光场影响明显减小。

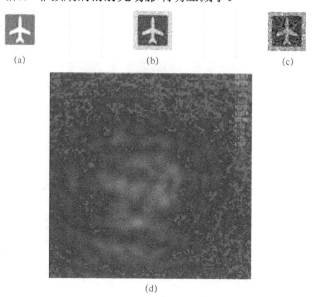

图 6.33 结构尺寸为 6mm×6mm 的衍射样片-1 的仿真与测试结果

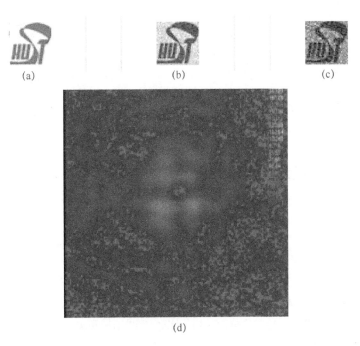

图 6.34 结构尺寸为 6mm×6mm 的衍射样片-2 的仿真与测试结果

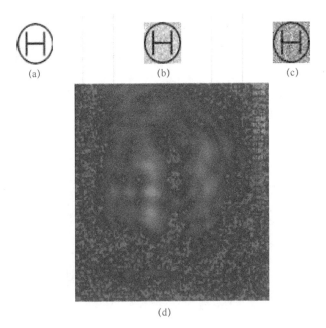

图 6.35 结构尺寸为 6mm×6mm 的衍射样片-3 的仿真与测试结果

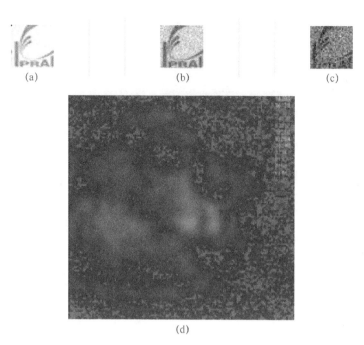

图 6.36 结构尺寸为 6mm×6mm 的衍射样片-4 的仿真与测试结果

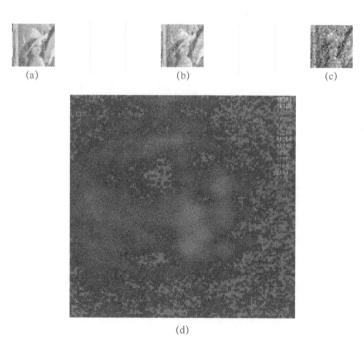

图 6.37 结构尺寸为 6mm×6mm 的衍射样片-5 的仿真与测试结果

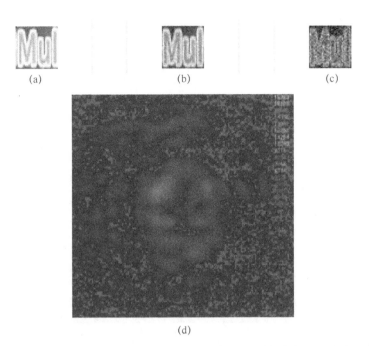

图 6.38 结构尺寸为 6mm×6mm 的衍射样片-6 的仿真与测试结果

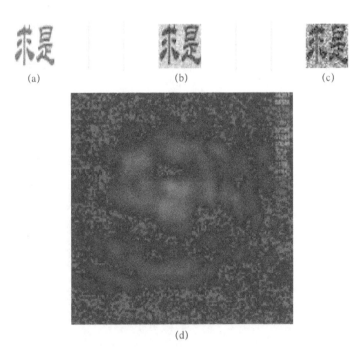

图 6.39 结构尺寸为 6mm×6mm 的衍射样片-7 的仿真与测试结果

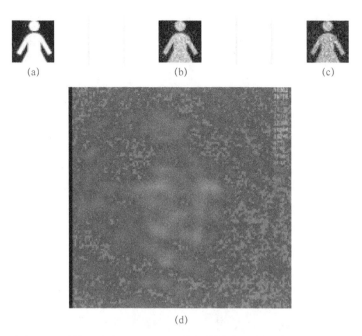

图 6.40 结构尺寸为 6mm×6mm 的衍射样片-8 的仿真与测试结果

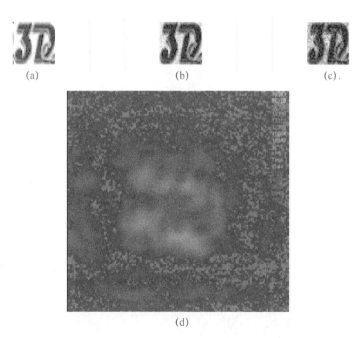

图 6.41 结构尺寸为 6mm×6mm 的衍射样片-9 的仿真与测试结果

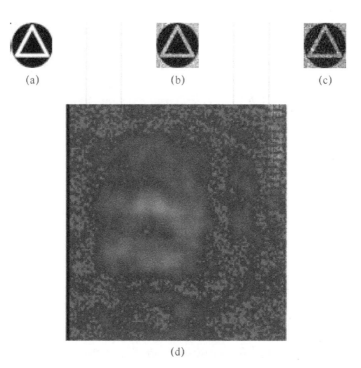

图 6.42　结构尺寸为 6mm×6mm 的衍射样片-10 的仿真与测试结果

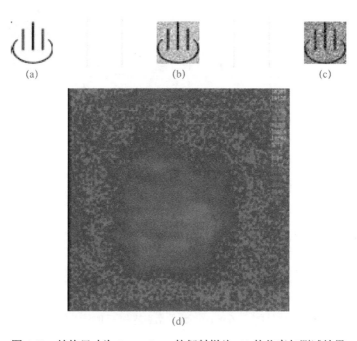

图 6.43　结构尺寸为 6mm×6mm 的衍射样片-11 的仿真与测试结果

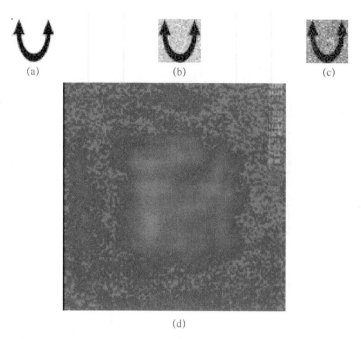

图 6.44 结构尺寸为 6mm×6mm 的衍射样片-12 的仿真与测试结果

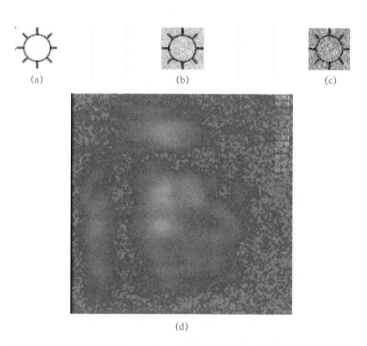

图 6.45 结构尺寸为 6mm×6mm 的衍射样片-13 的仿真与测试结果

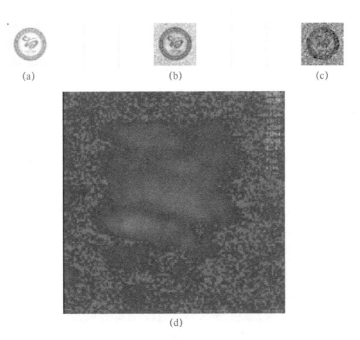

图 6.46 结构尺寸为 6mm×6mm 的衍射样片-14 的仿真与测试结果

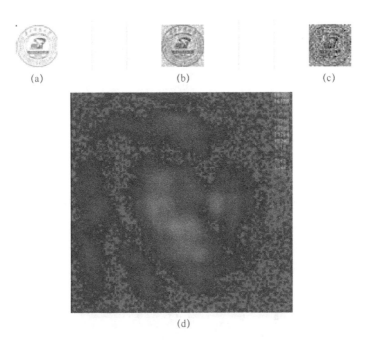

图 6.47 结构尺寸为 6mm×6mm 的衍射样片-15 的仿真与测试结果

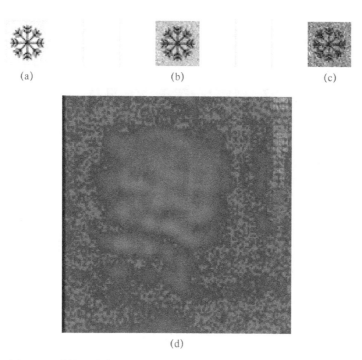

图 6.48 结构尺寸为 6mm×6mm 的衍射样片-16 的仿真与测试结果

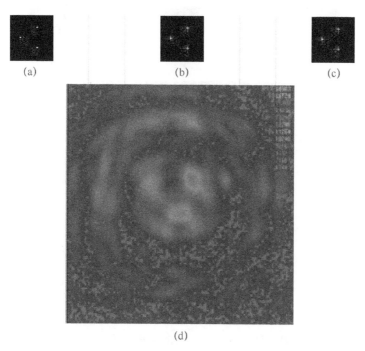

图 6.49 结构尺寸为 4mm×4mm 的衍射样片-1 的仿真与测试结果

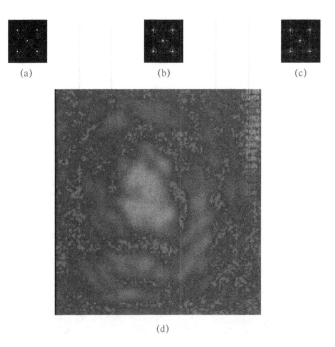

图 6.50 结构尺寸为 4mm×4mm 的衍射样片-2 的仿真与测试结果

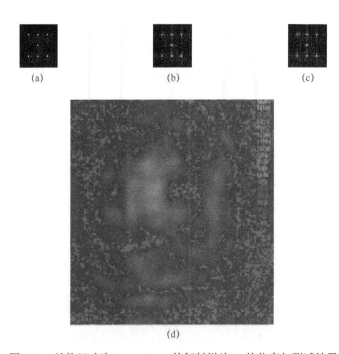

图 6.51 结构尺寸为 4mm×4mm 的衍射样片-3 的仿真与测试结果

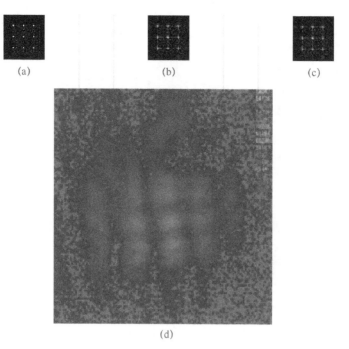

图 6.52 结构尺寸为 4mm×4mm 的衍射样片-4 的仿真与测试结果

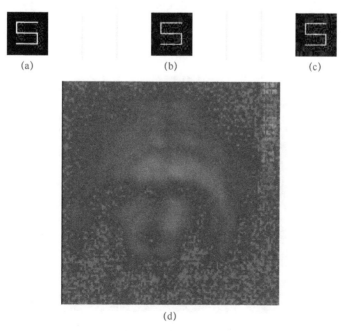

图 6.53 结构尺寸为 4mm×4mm 的衍射样片-5 的仿真与测试结果

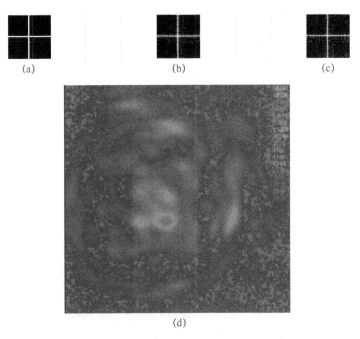

图 6.54 结构尺寸为 4mm×4mm 的衍射样片-6 的仿真与测试结果

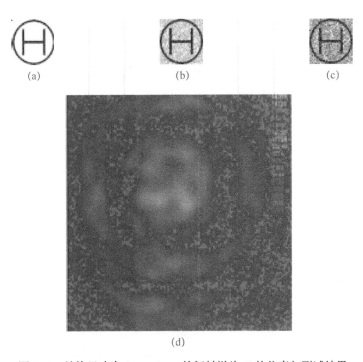

图 6.55 结构尺寸为 4mm×4mm 的衍射样片-7 的仿真与测试结果

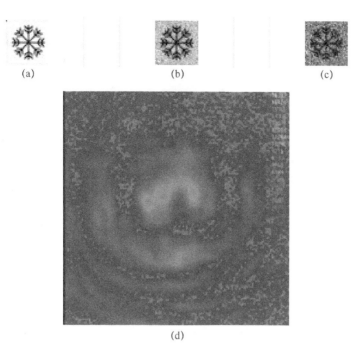

图 6.56 结构尺寸为 4mm×4mm 的衍射样片-8 的仿真与测试结果

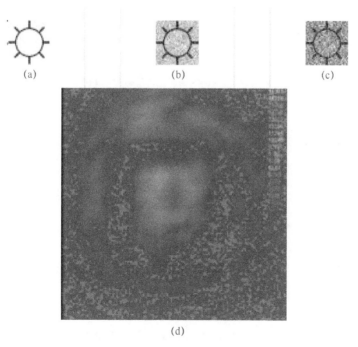

图 6.57 结构尺寸为 4mm×4mm 的衍射样片-9 的仿真与测试结果

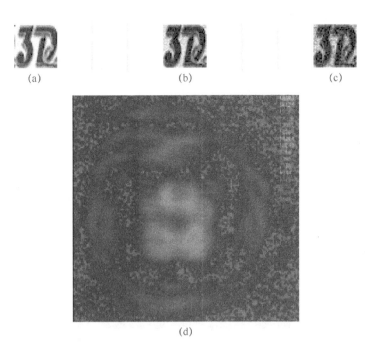

图 6.58 结构尺寸为 4mm×4mm 的衍射样片-10 的仿真与测试结果

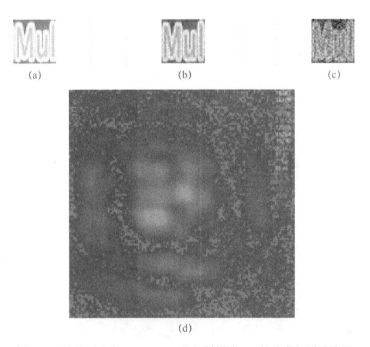

图 6.59 结构尺寸为 4mm×4mm 的衍射样片-11 的仿真与测试结果

6.5 小结

在基于硅各向异性 KOH 湿法刻蚀方法,制作适用于太赫兹波段的衍射相位结构过程中,KOH 刻蚀操作的时长已远长于可见光和红外光波的相应情形。在用于太赫兹图像发射的衍射相位结构其建模、仿真、设计、制作、测试与评估中,均遇到不同于可见光和红外光波的一些特殊问题,需要对结构和工艺参数做出适当调整。考虑到太赫兹波束的严重大气衰减影响,寻找特殊的太赫兹频谱和波束形态来克服诸多困难,是今后工作的重、难点问题。所发展的太赫兹波衍射波束整形和图像发射方法为低成本建立可有效构建太赫兹图像环境的方法开辟了前进的道路,为相关技术的实用化奠定了坚实的基础。

第7章　红外与太赫兹波衍射微光学波前结构

成像光波通过不稳定空气层、迅变流场、强散射介质或生物组织时，光波前会被扰动、畸变、杂化甚至异化。波前因形貌结构的变动或演化所导致的，叠加在目标光波本征能流分布形态上的附加变动，将作为噪声甚至强干扰要素，被引入光电成像探测中，产生成像目标位置偏移，目标图像出现抖动、模糊、失真甚至输出虚假图像信息等典型现象。对红外和太赫兹光波而言，上述成像缺陷将表现得更为明显或严重。通过准确测量与目标图像密切相关的成像波前，并进一步对其进行补偿、修改或校正，使点扩散函数得到优化（如典型的锐化或钝化等），可不同程度地恢复、改善甚至增强成像探测效能。因此，建立可与复杂环境（如大气湍流等）对应的波前环境，已成为发展环境和目标适应性良好的红外和太赫兹成像探测技术的基础和前提。本章主要涉及采用硅基 KOH 湿法刻蚀工艺，制作用于红外和太赫兹波前发射的衍射微光学波前结构的基本方法与属性。

7.1　湍流波前仿真

光波在大气中传播时，受大气流场的不稳定性或随机变动性等因素影响，透射波前易被扰动，尤其在大气湍流作用下会产生严重的波前畸变甚至异化，出现使成像探测效能急剧降低甚至丧失的极端情况。波前被流场扰动的典型情形如图 7.1 所示。理想的平面波前在穿透不同流速的流场时，由于波束在传播过程中受不稳定分布介质颗粒的作用，其平面波前会转变为其他波前形态，如图 7.1 所示的畸变波前，从而背离其本征情形而产生随流场变动的成像噪声。在具有无规则扰动特征的大气湍流中，介质的空间光学折射率分布形态将呈现更为剧烈的时变和空变响应，使波前形貌出现强烈的无规则变动，对成像探测带来气动光学影响。

为了降低甚至排除气动光学效应对成像探测的不良影响，精确测量波前被扰动或畸变的程度与类型，从而加以校正的自适应光学成像技术，在近些年得到快速发展。在应对相对缓变的不稳定大气方面取得显著成效。但在排除相对剧烈的大气湍流对波前的无规则作用和成像探测的不良影响方面，进展仍显不足，目前的核心难题是缺乏可有效模拟与再现湍流波前的光学手段。针对上述问题，采用衍射微光学相位恢复算法，结合产生气动光学效应的物理机制，基于目标图像的光场强度特征，以及光波前在介质中的特征传播行为，模拟和再现湍流波前。

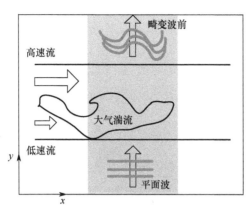

图 7.1　波前被流场扰动的典型情形

一般而言，反演或再现介质中的光传播过程，可视为通过数值模拟来表征和描述光波的空间传播行为、特征与属性这一过程。即在已知输入和输出光场振幅分布以及衍射传递函数情况下，求解输入和输出光场的相位分布，可归属为相位恢复问题。当光场在非自由空间（如大气湍流）中传播时，由于受湍流介质的随机运动性和分布不均匀性影响，将表现出与在自由空间或均匀介质中明显不同的传播属性。光波相位在空间输运过程中，如果受到湍流介质的无规则延迟影响，则会使波前出现畸变而背离本征传播形态，衍射传递函数也将被复杂化并且难以进行数值化表征，对光波的衍射传播过程进行数值模拟也难以基于常规方法进行。

本章从常规的相位恢复算法出发，结合气动光学效应，通过将湍流对传输光波的衍射传递函数的影响，假定为主要使光波相位产生畸变，基于所预期的目标湍流图像，即光波强度或振幅的空间分布，间接获得输出光场的振幅分布。由于输入光场的振幅情况已知，通过将大气湍流对光场衍射传递函数的影响，设定为在输入光场的相位分布上附加一个畸变相位，以此获得预期的图像信息，典型操作如图 7.2 所示。通过上述操作，光波的大气湍流透射波前的具体分布信息，可以通过测量光场的相位畸变特征来反馈获得，进一步通过补偿输入光场的相位分布，可以减弱甚至摆脱湍流对光场波前的影响。在上述过程中，光传播过程仍可用常规的瑞利-索末菲衍射传递函数或角谱衍射传递函数来模拟，迭代过程仍可采用前述章节的改进 GS 相位恢复优化设计算法，通过在每次循环中用预期目标振幅替换计算得到的光场振幅，最终得到输入光场相位分布的畸变信息，进而得到湍流透射波前。

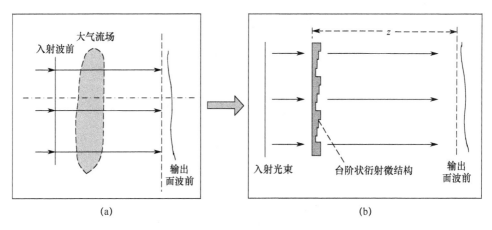

图 7.2 光波其湍流透射波前的典型衍射模拟再现

红外波段的衍射微光学波前结构的仿真设计介绍如下。首先对程序参数进行设置。图 7.3 所示为典型的衍射微光学波前程序参数设置区域图，所选用的目标光波长为 4μm，采用高斯光束，振幅分布为 $A(x_0, y_0) = \exp\left(-\dfrac{x_0^2 + y_0^2}{2}\right)$。衍射微光学波前结构的像素尺寸，也可与采样距离或相邻微孔中心距对应，取为 8μm×8μm，波前结构的整体直径为 2mm，采样矩阵大小为 256×256，衍射距离为 L=39000μm，该距离或所设定的焦距仅针对湍流波前。最后选用一种典型的大气湍流图像作为输出光场分布。

图 7.3 典型的衍射微光学波前程序参数设置区域图

图 7.4 所示为采用的典型湍流图像，图 7.5 所示为其局部二维湍流图像，该图从相对完整的湍流图像中截取局域图像获得。图 7.6 给出了针对所截取的局部湍流

图像进行的二维仿真结果,包括图(a)所示的强度图像和图(b)所示的衍射相位分布。图 7.7 给出了所截取的局部湍流图像的三维形态及其仿真结果,其中,图 7.7(a)所示为局部湍流图像,图 7.7(b)所示为输出光场的相位分布,图 7.7(c)和(d)分别显示了局部湍流图像所对应的波前形态,以及与所输出的衍射波前对应的强度分布情况,在一些特定情况下也可视为一种常规的点扩散函数。在傅里叶光学体系中,相位谱决定了对光波进行傅里叶分解时每个二维复指数成分的相应位置。当采用数学方法从实际信号中提取相位信息时,相位谱分布一般呈现随机性,并且与原始目标图像缺乏关联性。通过测量所得到的光信号相位分布,其值域一般为 $(-\pi, \pi]$,所形成的波前并不连续,难以对其分布属性进行分析讨论。

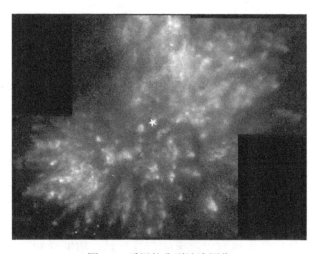

图 7.4 采用的典型湍流图像

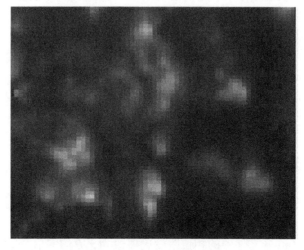

图 7.5 局部二维湍流图像

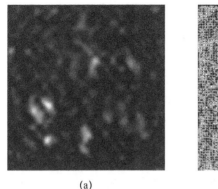 

(a) (b)

图 7.6 局部湍流图像的二维仿真结果

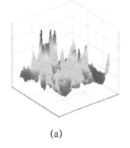 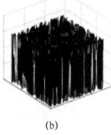 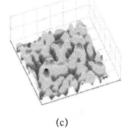 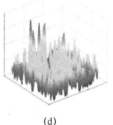

(a) (b) (c) (d)

图 7.7 局部湍流图像的三维形态及其仿真结果

(a) 局部湍流图像；(b) 输出光场的相位分布；(c) 湍流图像波前；(d) 所输出的衍射波前对应的强度分布（在特定情况下也可视为点扩散函数）。

由图 7.7 可见，基于现有手段进行仿真设计，所能得到的衍射微光学波前结构的相位分布是离散的，不能精确得到一个完整、连续的波面。换言之，所获取的大气透射波前的形态，由经过数据过滤或剪裁得到，缺乏完整性和细节再现能力。图 7.7（b）显示离散的相位分布被局限在（$-\pi,\pi$]或（$0,2\pi$]范围内，并存在 2π 的整数倍跳变。因此，真实的波前分布可以通过在仿真设计所得到的相位谱上叠加一个 2π 或 $N\cdot 2\pi$ 的相位值获得。通常采用阈值法处理类似问题。典型操作是：首先确定发生了 2π 或 2π 整数倍相位跳变的跃变点位置；其次通过加上或减去 2π 或 $N\cdot 2\pi$ 获得可补偿的偏移相位分布。也就是说，通过把偏移相位值叠加到初始的相位分布上，得到不包含跃变点的平滑、连续相位分布图形或波前。这一过程通常称为相位解卷绕或相位解包络，一般可通过运算 Matlab 软件实现。

在 Matlab 软件中，通常表征光场或图像信号的复向量，如复振幅分布中的相位值 θ（单位为 rad），可通过"angle"或"unwrap"命令求得。在调用 angle 命令时，需要将其 Matlab 文件中的相位跳变阈值改为 π，θ 的取值范围则限定在（$-\pi,\pi$]区间内。在这种情况下，相位会在端点处跳变，即需要对相位进行解卷绕或解包络操作。鉴于"angle"或"unwrap"命令仅能对矩阵按行或列分别处理,即只能处理一维的相位解卷绕问题,并且 Matlab 软件并没有给出校正二维相位矩阵的函数,当涉及二维相位解卷绕情况时,问题将变得更为复杂。针对上述问题,通过参考 Matlab 软件中的"unwrap"命令编写程序,已能够有效实现二维矩阵的相位校正。主要思路是:首先使用 "unwrap" 一维校正命令,校正相位矩阵中间的一行(中间的一行默认为比较标准的);然后调用"unwrap"命令按列校正得到一个校正矩阵;最后使用上面的行校正矩阵得到最终结果。一种典型的校正结果如图 7.7(b)所示,该图清晰地显示了大气湍流透射波前的相位分布情况。

另外,还对图 7.4 所示湍流图像的其他若干局部区域分别进行了波前模拟和仿真,典型结果如图 7.8～图 7.11 所示。各图中的上列图(图(a)～(c))为二维结果,其中的图(a)为期望图形,图(b)为输出图形,图(c)为相位分布;下列图((d)～(f))为三维结果,其中图(d)为期望图形,图(e)为相位分布,图(f)为输出图形。

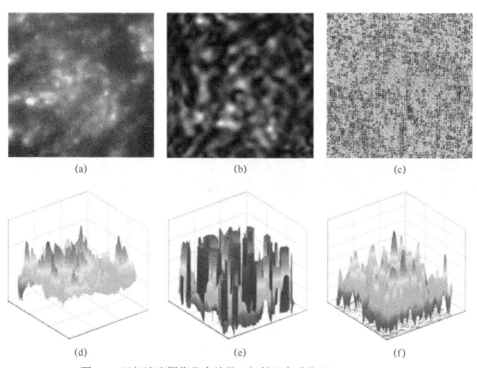

图 7.8 局部湍流图像仿真结果(衍射距离或焦距 L=75000μm)

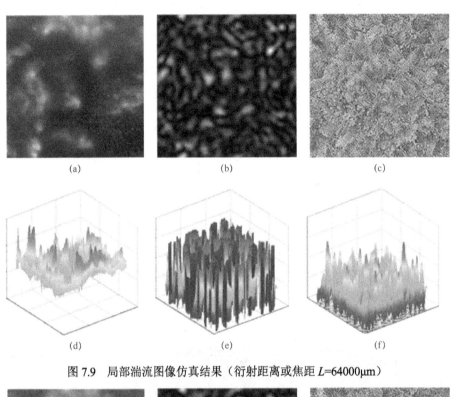

图 7.9 局部湍流图像仿真结果（衍射距离或焦距 $L=64000\mu m$）

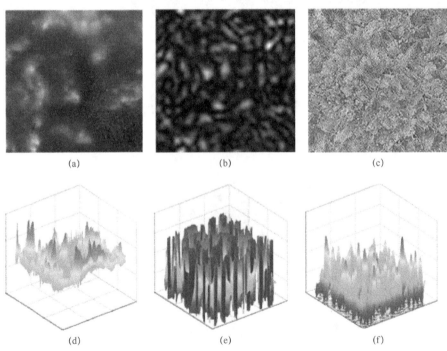

图 7.10 局部湍流图形仿真结果（衍射距离或焦距 $L=57000\mu m$）

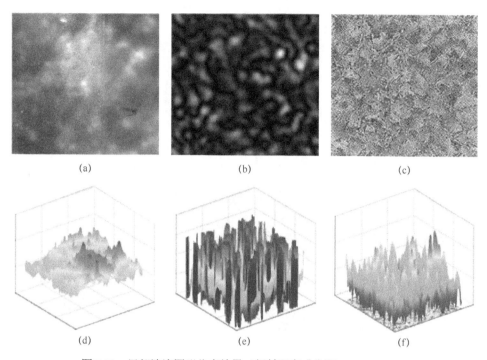

图 7.11 局部湍流图形仿真结果（衍射距离或焦距 $L=65000\mu m$）

对其他一些典型波前进行仿真计算的情形如图 7.12～图 7.15 所示。各图中的上列图((a)～(c))为二维结果，其中图(a)为期望得到的输出图形，图(b)为程序输出图形，图(c)为所设计的衍射微光学波前结构的相位分布；下列图((d)～(f))为三维结果，其中图(d)为期望图形，图(e)为相位分布，图(f)为输出图形。

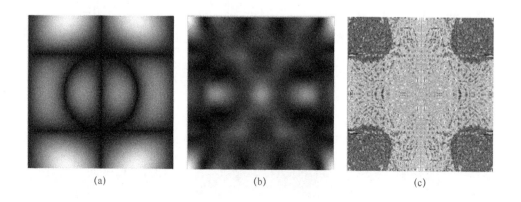

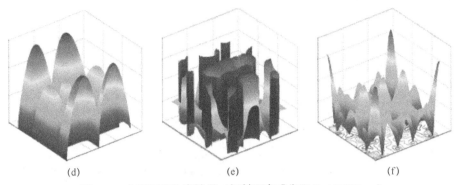

图 7.12 典型图形仿真结果（衍射距离或焦距 $L=150000\mu m$）

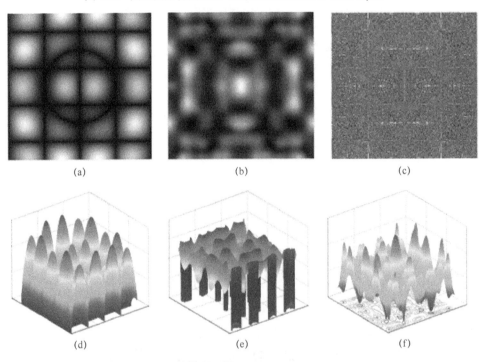

图 7.13 典型图形仿真结果（衍射距离或焦距 $L=115000\mu m$）

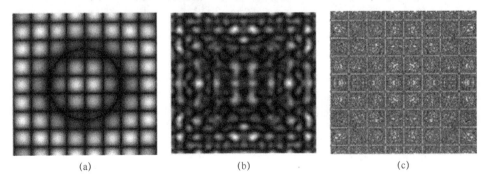

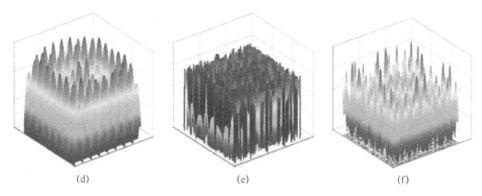

图 7.14　典型图形仿真结果（衍射距离或焦距 L=42000μm）

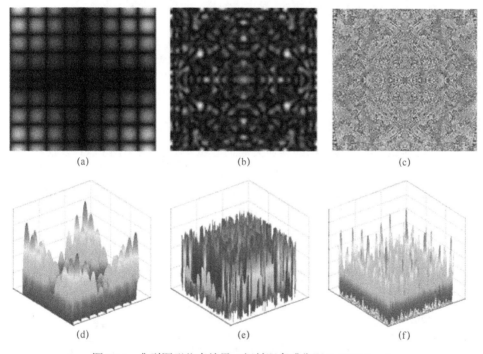

图 7.15　典型图形仿真结果（衍射距离或焦距 L=39000μm）

7.2　衍射微光学波前结构

基于与前述章节所介绍的硅片 KOH 湿法刻蚀法，工艺制作可仿真再现湍流波前环境的衍射微光学波前结构的初始步骤：有效设计基于阵列化微方形结构的光掩模版。依据图 7.6 和图 7.7 所示的相位分布形态所设计的光掩模版形貌如图 7.16 所示。其中，图 7.16（a）所示为原始相位图，图 7.16（b）所示为 GDS 格式的光掩模版通过金相显微镜下观察得到的阵列化微方形分布图，图 7.16（c）所示为

GDS 格式的光掩模版中心区域的放大图,其中的各深色微方形对应拟在 {100} 晶向硅表面的 SiO_2 保护膜上制作的各微窗口区。

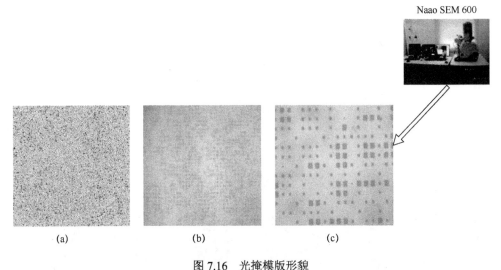

图 7.16 光掩模版形貌

(a) 原始相位图;(b) 光掩模版全貌;(c) 光掩模版中心区域的放大图。

制备衍射微光学波前结构的其他关键工艺环节还包括:采用 PECVD 法在硅片表面热氧化生长 SiO_2 保护膜;利用电子束光刻制作光刻胶掩模;采用 ICP 刻蚀在 SiO_2 保护膜上开窗形成 SiO_2 掩模等。图 7.17 所示为展开上述工艺步骤所使用的关键设备。考虑到利用硅基 KOH 湿法刻蚀特性,有效制作衍射微光学波前结构的核心工艺环节是:获得结构尺寸符合设计要求的阵列化 SiO_2 窗口;进一步去 SiO_2 保护膜;硅基 KOH 再蚀刻操作。在已详细掌握硅基 KOH 再蚀刻特性情形下,能否有效进行微方形窗口光刻定位和 ICP 刻蚀,就成为获得所预期的衍射微光学波前结构的决定性要素。针对这一情况,重点开展了针对 ICP 刻蚀获得硅微结构的测试评估研究工作。

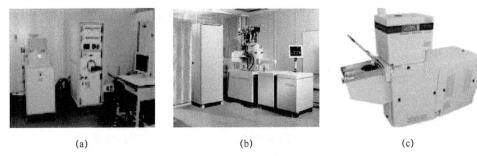

图 7.17 制备工艺流程中所使用的关键设备

(a) Multiple CVD 用于热氧化生长 SiO_2 保护膜;(b) Vistec EBPG 5000+ 用于执行电子束光刻;
(c) Plasmalab System 100 用于执行 ICP 刻蚀。

为了准确评估针对衍射微光学波前结构所制作的硅微结构形貌参数情况，分别通过金相显微镜观察 SiO_2 窗口的形貌结构完整性，使用表面探针台阶仪测试微窗口台阶的轮廓形貌参数。考虑到台阶仪主要通过探针与样品表面进行接触测量，通过捕捉接触面垂直方向上的移动距离获采样件的高度等形貌信息，应尽可能避免探针划伤样片。使用 KLA Tencor P16+ 表面探针式台阶仪获取的硅片表面微结构的轮廓形貌如图 7.18 所示，其中图 7.18（a）给出了表面粗糙度情况，图 7.18（b）显示了台阶轮廓细节。图 7.18 所显示的各项参数分别为：$R_a=0.41361nm$，$R_q=0.51087nm$，$R_p=0.964nm$，$R_v=1.179nm$，$R_t=2.143nm$。

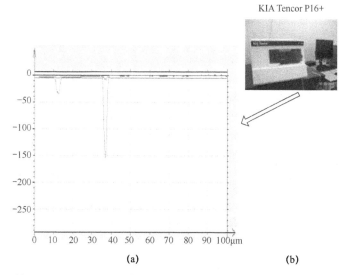

图 7.18 使用 KLA Tencor P16+表面探针式台阶仪获取的硅片表面微结构轮廓形貌

由图 7.18 可见，面向构建湍流波前的硅微结构的台阶轮廓清晰、完整，但仍存在表面有细微起伏等缺陷，显示工艺操作仍需进一步改进。考虑到台阶仪探针的针尖尺寸为 2μm 尺度，对结构深度在百纳米尺度且硅表面上的硅和 SiO_2 台阶已几乎呈垂直状，SiO_2 窗口的孔径大多在几微米到十几微米，使用廉价的台阶仪仅能粗略测量轮廓特征。特别是当硅微结构的表面窗口接近针尖尺寸时，探针将无法下探到窗口底部，精确测量已无从谈起。

针对局部表面特殊的纳米形貌结构，通常也可采用原子力显微镜（AFM）、环境扫描电子显微镜（ESEM）或场发射扫描电子显微镜（FESEM）等，开展精细的表面结构或轮廓测量。由于以上所述的 AFM 显微镜等，对被测结构尺寸有限制性要求，所发展的衍射微光学相位结构的外形尺寸一般在毫米级，经常采用波前测量方式间接评估微纳形貌结构特征。可分辨到几个纳米尺度的 SEM 显微镜测量，由于通常需要在被测样件表面蒸镀导电介质，测量结束后上述导电介质一般难以被完全去除而影响后续工艺的测量操作，因而 SEM 测量方式也常被舍弃。

7.3 红外与太赫兹波衍射波前结构

针对适用于红外和太赫兹波段的常规衍射微光学波前的硅结构所进行的仿真与设计如下。

1. 参照前述章节的算法步骤开展 Matlab 程序设计

(1) 参数设置。所发展的衍射微光学波前结构，将基于已具备的红外和太赫兹激光产生条件，开展样片的波前测试评估。考虑到目前所具备的太赫兹激光器在多个波长处的出射功率大小不一且不稳定这一情况，仅选用了几个具有较大输出功率的波长点，用于太赫兹谱域的波前结构设计，分别为117.73μm、134μm 和184.31μm。在红外谱域，仅选用近红外和中波红外波段中的两个中心波长，分别为4μm 和11μm。

针对所采用的角谱衍射理论、采样条件、波前探测器通光孔径等限制性因素，所选取的各波长处的矩阵大小、单元格尺寸及衍射距离分别如下。

① 波长 $\lambda=4\mu m$：矩阵大小 512×512，单元格尺寸 8μm，衍射距离 0.2m。
② 波长 $\lambda=11\mu m$：矩阵大小 512×512，单元格尺寸 16μm，衍射距离 0.5m。
③ 波长 $\lambda=117.73\mu m$：矩阵大小 32×32，单元格尺寸 200μm，衍射距离 0.4m。
④ 波长 $\lambda=134\mu m$：矩阵大小 32×32，单元格尺寸 220μm，衍射距离 0.7m。
⑤ 波长 $\lambda=184.31\mu m$：矩阵大小 32×32，单元格尺寸 300μm，衍射距离 0.9m。

需要注意的是，在设定衍射距离时，还参考了基于 Matlab 软件所得到的一些经验结果，并且对个别期望波前作了有限程度的前后摆动或浮动处理，如图 7.19 所示。平面波前被衍射微光学波前结构调制后，可在距波前结构 z_0 处的观察面上观察到所期望的经过微小摆动或浮动处理的输出波前结构。

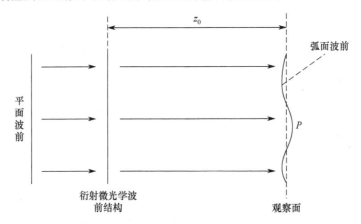

图 7.19 通过衍射微光学波前结构产生期望波前

针对红外和太赫兹激光器的输入光波大多为高斯波形这种情况，为了达到平面光波入射效果：首先需要对激光器的高斯出射光束进行扩束和均质化操控；然后截取中心孔径处的均匀光波作为标准输入光波。部分期望达到的三维波前的 Matlab 仿真结果如图 7.20 和图 7.21 所示。

 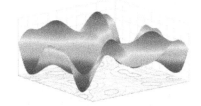

图 7.20　期望波前-1 的局部仿真图样　　　图 7.21　期望波前-2 的局部仿真图样

（2）按照已建立的迭代循环法运算程序。

（3）对迭代循环结果进行量化处理和分析并保存结果。

由于所涉及的波长成分较多，仅示范性选用 4μm 波长处的结果展开分析评估。图 7.22 和图 7.23 分别表示用图 7.20 和图 7.21 所示为期望波前进行仿真的相关结果。

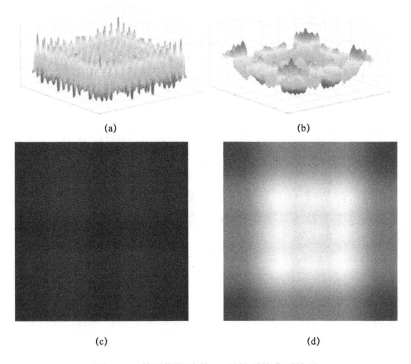

图 7.22　基于期望波前-1 所得到的典型结果

（a）波前上的点相位值；（b）衍射平面上的点相位值；（c）相位图；（d）衍射平面上的光强分布。

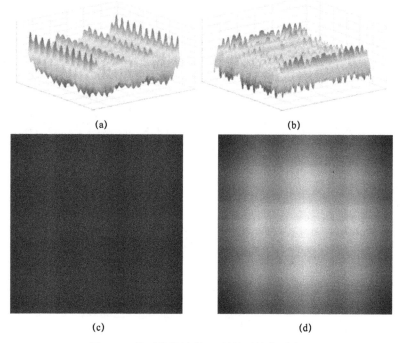

图 7.23 基于期望波前-2 所得到的典型结果

(a) 波前上的点相位值;(b) 衍射平面上的点相位值;(c) 相位图;(d) 衍射平面上的光强分布。

图 7.22（a）显示了经衍射传播后的波前上各取值点处的相位值,由 Matlab 仿真数据可知,其范围为[1.0250,1.0292],用 $k\pi$ 表示的相位转化在 $[0,2\pi]$ 范围内时为 1.0267；图 7.22（b）表示传播距离为 z_0 的观察面上各点的相位值,范围为 [0.8541,1.0053],明显可见,图 7.22（b）所示数值范围较大,图 7.22（a）所示数值在所要求的 1.0267 附近仅显示微小浮动,故可将这个曲面上的相位值近似视为相等,即这个曲面为等相位面,以达到波前设计要求；图 7.22（c）给出了相位版图情况,图 7.22（d）表示经过传播距离 z_0 后达到观察面上的光强分布。由图可见,经过图 7.22（c）所示相位版图数据的调制作用,输入平面上的高斯光波已经产生了显著改变。

图 7.23 与图 7.22 类似。图 7.23（a）显示的数值范围为[1.0247,1.0291],图 7.23（b）显示的数值范围为[0.9987,1.0531],上述数据也基本满足波前设计要求。需要注意的是,图 7.23（b）所示的数值范围比图 7.22（b）略小,这可能与图 7.21 比图 7.20 更为复杂,即期望的波前曲面越复杂则设计效果越差有关。

2. 光刻版图设计

考虑到红外和太赫兹波具有较可见光更长的波长,可基于常规紫外光刻构建微方形光刻版中的基本图形结构,用于制作光刻胶掩模以及后续的 SiO_2 抗蚀剂掩模。图 7.24 所示为基于波前形貌所设计的光刻版图,以及由结构尺寸各异的阵列化微方形构建光刻版的典型图案形态特征。将相同波长的各波前光刻版图利用 L-edit 软件导入数据文件中，即可得到所需要的光刻版图文件。

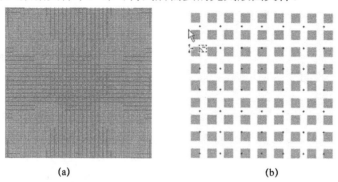

图 7.24 基于波前形貌所设计的光刻版图

(a) 光刻版图；(b) 局部区域放大图。

3. 光刻

采用的常规紫外光刻所需的光掩模版，分别由深圳路维电子有限公司和无锡华润微电子有限公司制作，最终形态的铬掩模版直径为 5in。光刻操作在中国科学院半导体研究所集成技术工程研究中心进行。在 {100} 晶向的硅片表面进行 SiO_2 保护膜的热氧化生长，硅片参数为 5in 直径、双面抛光、390μm 厚。由于硅片较薄，所生长的 SiO_2 掩模厚约 500nm，所用光刻机为德国 Suss Microtec 公司的 MA6/BA6 紫外双面光刻机。光刻结束后的后续工艺步骤与采用电子束光刻的工艺流程类似。

4. ICP 刻蚀

ICP 干法刻蚀在中国科学院物理研究所的微加工实验室进行。部分经 ICP 刻蚀后的硅片表面形貌如图 7.25 所示。未经充分刻蚀的 ICP 刻蚀区域图片如图 7.25（a）中的阵列化微方形 SiO_2 材质窗口图案所示，经充分刻蚀后 ICP 刻蚀区域所形成的阵列化硅微方形 SiO_2 材质窗口图案如图 7.25（b）所示。由图 7.25 可见，所形成的用于继续执行 KOH 湿法刻蚀的 SiO_2 窗口的轮廓形貌清晰、完整。

图 7.25 经 ICP 刻蚀后的硅片表面形貌

(a) 未经充分刻蚀的 ICP 刻蚀区域；(b) 经充分刻蚀后的 ICP 刻蚀区域。

5. KOH 湿法刻蚀

一般而言，制作硅基衍射微光学波前结构所采用的 KOH 湿法刻蚀用时较长，为了保证 KOH 溶液的均匀性及其与所刻蚀硅片的充分接触，在进行刻蚀操作的容器中放入一洁净的玻璃支架，将需要加工处理的硅片放置在支架上。在蚀刻操作过程中需经常晃动支架，使被 KOH 溶液剥离的硅和 SiO_2 材料迅速脱离硅样片，以保持 KOH 溶液的腐蚀操作可持续高效进行。图 7.26 给出了硅片 KOH 湿法刻蚀的几种典型结果。图 7.26（a）所示为开展第一步 KOH 湿法刻蚀时的初始态硅结构阵列，图 7.26（b）所示为完成第一步 KOH 湿法刻蚀所形成的倒金字塔形硅微孔阵列，图 7.26（c）所示为通过第二步 KOH 湿法刻蚀形成相邻硅凹弧面间尚未充分拟合或衔接的阵列化形态，图 7.26（d）所示为经过第二步 KOH 湿法刻蚀，在局部区域开始形成相邻硅凹弧面间的重叠衔接的临界状态等。

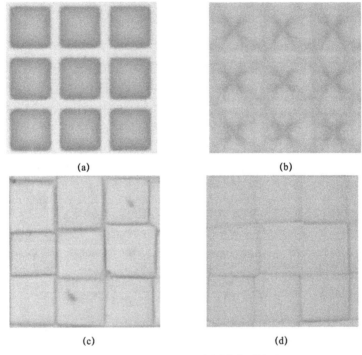

图 7.26　进行 KOH 湿法刻蚀典型结果

(a) 进行第一步 KOH 湿法刻蚀时的初始态硅结构阵例；(b) 倒金字塔形硅微孔阵列；(c) 第二步湿法刻蚀后未充分拟合或衔接的阵列化形态；(d) 第二步充分湿法刻蚀后形成的临界状态。

由上述工艺实验可知，适用于红外和太赫兹谱域的衍射微光学波前结构的设计与制作流程，与前述章节中的相关过程类似。差别仅在于光刻环节中，将无掩模电子束光刻改为常规的紫外光刻，以及由于 KOH 刻蚀窗的结构尺寸相对较大，需要对工艺参数进行适应性调整等。

7.4 测评与分析

针对红外和太赫兹波衍射微光学波前结构开展的测试评估主要包括表面形貌测试、台阶化测试以及光学性能测试等。

1. 表面形貌测试

利用华中科技大学分析测试中心的荷兰 FEI 公司 Sirion 200 场发射扫描电子显微镜,进行衍射微光学波前结构的表面形貌测试。

该设备的主要技术指标如下。

(1) 分辨率:1.5nm(10kV),2.5nm(1kV),3.5nm(500V)。

(2) 标样放大倍数:40~40 万倍。

(3) 加速电压:200V~30kV,连续可调。

(4) 倾斜角度:-10°~45°。

(5) EDAX 能谱能量分辨率 130eV,成分范围 B5~U92,束斑影响区在 1μm 左右。

(6) STEM 附件可同时放置八个样品进行扫描透射观察,对低原子序数样品也可获得较好衬度的暗场像,特别适合进行微纳材料结构、高分子材料和生物材料等的观察测试。

(7) OIM/EBSP 分辨率在 1300×1024 像素以上,灰度 4096,角度分辨率大于 0.5°,用来采集和分析扫描电镜中的电子背散射衍射花样。相鉴定数据库包揽常规的七大晶系。

测试所制红外和太赫兹波衍射微光学波前结构中的相位结构典型特征如图 7.27 所示。由图 7.27(a)可知,各相邻的由 KOH 刻蚀形成的图形结构间的较规则轮廓边缘尽管已开始出现破损迹象,但仍然可以辨别。如图 7.27(b)所示,硅片已呈现过刻蚀所特有的典型轮廓形貌特征,相邻独立相位结构间的边缘轮廓已呈现不规则的弯曲形态,相邻相位台阶间的结构高差也几乎消失,显示出相邻相位结构间已开始交错重叠这一迹象。

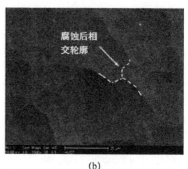

(a) (b)

图 7.27 红外和太赫兹波衍射微光学波前结构中的相位结构典型特征

(a) 相邻相位结构间的较规则轮廓边缘;(b) 过腐蚀导致相邻相位结构边界逐渐消失。

2. 台阶仪测试

使用 Sloan Dektak II 台阶仪测试所制红外和太赫兹波衍射微光学波前结构样片的相位轮廓如图 7.28 所示，其中图 7.28（a）和（b）分别给出了红外和太赫兹样片的轮廓测试结果。如图 7.28 所示，所预期的衍射相位台阶已不明显，与图 7.27 的测试结果大体一致；图 7.28（b）所示的台阶深度比图 7.28（a）的更大，这也与太赫兹波长比红外波长大一个数量级，相应的相位台阶深度也比红外结构更大一些。

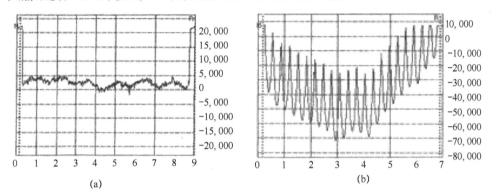

图 7.28 利用台阶仪分别测量红外和太赫兹波衍射微光学波前结构样片的相位轮廓
(a) 红外台阶结构的测试轮廓；(b) 太赫兹台阶结构的测试轮廓。

3. 光学性能测试

光学性能测试主要包括波前测试和太赫兹成像光场测试两项。

（1）红外波前测试。采用 Newport 公司的 IR-564/301 黑体作为红外光源，Thorlabs 公司的 WFS150/WFS150C 波前探测器，对所制红外衍射微光学波前结构样片进行波前测量。黑体和波前探测器的主要参数指标如下。

① 黑体：

温度范围 50～1050℃；

精度±0.2℃；

稳定性±0.02%；

升温时间（至 1050℃）70min（在测量过程中的黑体设定温度为 1000℃）。

② 波前探测器：

波长 200～1100nm；

光圈 5.95mm×4.76mm；

相机分辨率 1280×1024 像素；

透镜间距150μm；

像素尺寸 4.65μm×4.65μm；

波前灵敏度 $\lambda/15$；

波前动态范围大于 100λ；

曲率大于 7.4mm。

波前测试光路与主要测试装置如图 7.29 所示。待测硅片紧贴在黑体出光窗口上，波前探测器与黑体间距保持约 47cm。黑体配置有八个不同孔径的出光窗口，其中的第八窗口孔径最大，第 1 窗口孔径最小，出射光发散角分别约为 100°、90°、80°、60°、60°、56°、52°和 20°，在测试过程中可根据样片尺寸及其与黑体距离的不同，选用合适的出光窗口。

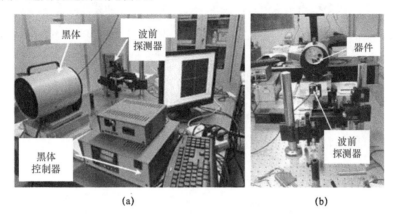

图 7.29　红外波前测试光路和主要测试装置

红外衍射微光学波前结构样片测试结果如图 7.30 所示。图 7.30（a）为在黑体出光窗口上不加载任何样片时的测试结果，图 7.30（b）为在黑体出光窗口处粘贴与制作样片同批次的纯硅片时的测试结果，图 7.30（c）～（e）为在黑体出光窗口处粘贴不同的衍射微光学波前结构样片时的测试结果。红外衍射微光学波前结构样片的示范性设计波长为 11μm，图 7.30（a）～（e）中每一行从左至右（包含图中的插图）分别排列为目标波前和轴向线光强图、点列图和光束强度、局部波前。

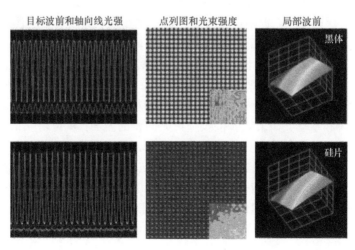

图 7.30 红外衍射微光学波前结构样片的测试结果

如图 7.30 所示,当黑体出光窗口处未加载任何器件时,波前探测器所接收的红外光场均匀完整,所探测的波前近似为平面波。当在出光窗口上粘贴纯硅片后,仅发现黑体出射光波产生了一定程度的相位延迟,接收到的光场能量有所减弱,所探测的波前仍近似为平面波,与未加载任何器件时的测量结果因硅片存在结构均匀性差异而稍显不同。当在出光窗口上粘贴所制衍射微光学波前结构样片时,轴向线性光强已产生明显变化,不再保持结构均匀性,所探测的波前曲率变大,已为非平面波,表明衍射微光学波前结构样片已对入射光波施加了调制操作。需要注意的是,在进行上述波前测试时也存在一定瑕疵。黑体辐射具有波长连续性,衍射微光学波前结构样片在前期设计中仅针对某个单一波长,黑体红外辐射中分布在目标波长周围的其他非目标波长成分,也会不同程度地参与样片的衍射调制作用。另外,受波前探测器的波长适用范围及探测区域或面积的限制,图 7.30 显示的波前测量结果也仅为从衍射微光学波前样片出射的局部波前,其细节信息并未完全显现和掌握。如果能够接收到更大面积的波面,就可对从衍射微光学波前样片出射的红外波前有更为直观和全面的了解。

(2)太赫兹成像光场测试。对所制太赫兹波衍射微光学波前结构样片进行成像光场测试,采用美国相干公司的 SIFIR 50THz 激光器作为测试光源,美国 Spiricon 公司的 Pyrocam Ⅲ 超宽光谱相机用于观察像面光强分布。设备主要参数指标如下。

① SIFIR 50：

输出功率大于 50mW（多个线光谱处）；

输出波长 40～1020μm；

功率稳定性小于±5%/hr；

单频光谱纯度大于-50dBc；

输入功率 200～240VAC，50Hz 或 60Hz，小于 12amps；

Cooling: Heat Load（W） 1300（max）；

工作温度 18～22℃。

② Pyrocam Ⅲ：

波长范围 157～355nm，1.06～3000μm；

像素规模 124×124；

面积 12.4mm×12.4mm；

像素尺寸 85μm×85μm；

灵敏度 220nW/像素（24Hz），2.2mW/cm²（24Hz）；

功率损伤阈值：8W/cm²；

脉冲工作模式。

太赫兹成像光场测试光路与主要测试装置的配置如图 7.31 所示。将待测硅样片粘贴在太赫兹激光器的出光窗口处，由于太赫兹激光器的输出光强较低，超宽光谱相机须放置在离出光口较近位置处，测试过程中通常被放置在距出光窗口约 3cm 处。

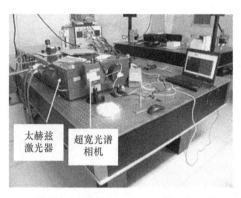

图 7.31 太赫兹成像光场测试光路与主要测试装置的配置

太赫兹波衍射微光学波前结构样片成像光场测试结果如图 7.32 所示，其中图 7.32（a）给出了太赫兹激光器的原始输出光强分布，其呈现典型的高斯分布特征。图 7.32（b）～（f）分别给出了测试不同的太赫兹波衍射微光学波前结构样片时的光强分布特征。实验中，由于太赫兹激光器的输出光强较低，所给出的成像效果图为 30 帧图像叠加结果，初始输出光强约 20mW。

由图 7.32（b）～（f）可见，太赫兹光已被所制作的衍射微光学波前结构样片进行了有效调制，超宽光谱相机上的强度图像与设计结果比较接近，表明设计目的已经基本达到。需要指出的是，由于太赫兹激光器的输出光强较低，衍射距离与设计距离存在明显差别。且太赫兹光无法用肉眼直接观察，在测试过程中无法保证输出光均正入射在被测样片的中心位置。另外，太赫兹光波能量在测试中有时会缓慢衰减，这也是超宽光谱相机其测试强度图像上的能量叠加并不完全相等的重要原因。上述因素都会给最后的测试结果带来明显的误差。

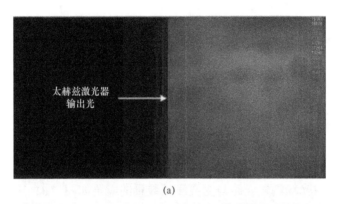

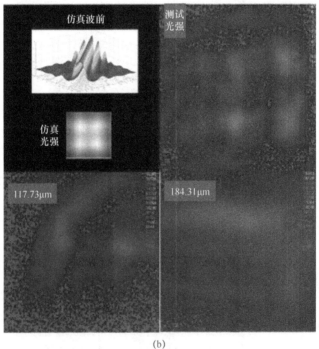

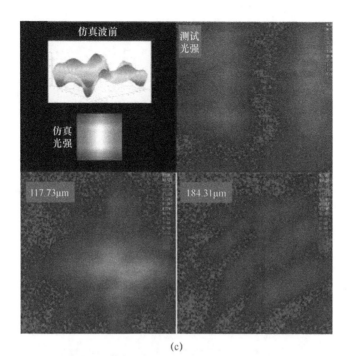

(c)

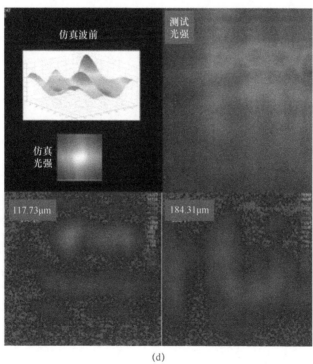

(d)

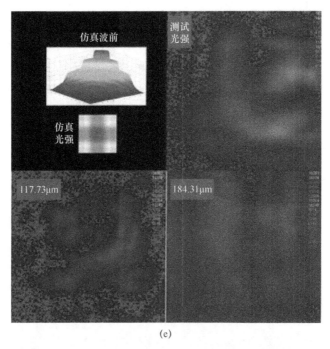

(e)

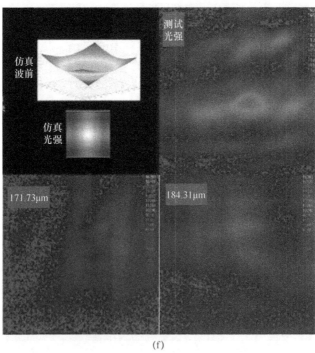

(f)

图 7.32　太赫兹波衍射微光学波前结构样片成像光场测试结果

7.5 小结

本章主要针对低成本构建成像光波受背景环境扰动所产生的复杂波前环境开展基础性研究。主要涉及红外与太赫兹波衍射微光学波前结构的建模、仿真、设计、原理样片制作、性能测试与评估等内容。首先基于迭代原理开展了红外波前结构的算法生成、形貌设计与仿真；然后针对生成复杂波前优化了所发展的硅基 KOH 湿法蚀刻工艺，成功发展了适用于湍流波前、常规波前及太赫兹波前的原理样片技术。通过对所制作的红外和太赫兹波衍射微光学波前结构样片进行精细相位结构及光学性能的测试评估，获得了关键性的图像和参数体系，为推动相关方法和技术向实用化方向发展创造了基础条件。

第 8 章 硅基非球面光学折射结构

发展连续轮廓光学折射结构的低成本制作方法,实现非球面光学和微光学面形的快速、精准成形,有效构建基于波前整形与变换的折射透镜和微透镜等类基础性光学元器件,获得高控光效能,显著降低成像光学系统的结构复杂性、体积、重量和成本,减轻甚至消除像差和色差对光束操控和成像探测的不良影响,提高操控波束光学元器件间的耦合适配性,增强多维多模微光学控光结构与光敏阵列间的耦合匹配性等,已成为折射型光学元器件技术获得持续发展的热点问题。本章主要涉及基于单晶硅材料在 KOH 溶液中的各向异性蚀刻特性以及低成本快速成形连续轮廓的非球面光学和微光学折射弧面的基本方法。

8.1 硅微结构的各向异性湿法蚀刻成形

基础研究表明,特殊晶向的硅材料在 KOH 等类碱性溶液中的腐蚀过程呈现可供利用的各向异性属性,较为典型的硅微结构面形演化特征如图 8.1 所示。在涂敷有抗蚀刻掩模的{100}晶向硅片表面开一个微米尺度的方形窗孔后,硅材料将直接暴露在 KOH 溶液中受到腐蚀处理。随着硅材料腐蚀深度的逐步加大,微孔渐次向硅材料内部延伸。待形成一个倒金字塔形硅微结构后,蚀刻自动停止,也就是说继续浸泡在 KOH 溶液中的倒金字塔形硅微结构将不再变化。完全去除硅片表面的倒金字塔形硅微结构间的 SiO_2 掩模后,将硅片再次浸入 KOH 溶液中,倒金字塔形硅微结构的四个侧面因失去保护,被继续蚀刻而快速扩展倾斜形面,金字塔顶端即凹结构最底端或最底部小面则缓慢蚀刻变化,倒金字塔形硅微结构最终形变成非球形凹弧面。通常情况下,结构尺寸较大的倒金字塔形硅微结构,对应较大面积的非球形凹弧面和凹深;反之亦然。

图 8.1 中的左侧图为截面图,右侧图为俯视图。如图 8.1(a)所示,在{100}晶向的硅片上双面生长 SiO_2 保护膜后,在顶面掩模上继续形成一个边长为 d 的微孔窗,可使硅材料完全裸露在 KOH 溶液中。图 8.1(b)所示为将开窗后的硅片浸入 KOH 溶液中,使窗口硅材料被 KOH 蚀刻剥离,直至形成倒金字塔形硅微结构。图 8.1(c)所示为去除开孔一侧的 SiO_2 保护膜后结构化硅材料完全裸露出来。图 8.1(d)所示为将硅模再次浸入 KOH 溶液中,进一步通过蚀刻处理形成最终的非球形凹弧面。

如前所述的 Kendall 等的实验工作显示，在{100}晶向的硅片上最终形成的凹弧面深度 s 与孔径 d 满足以下关系，即

$$s = d\left[\frac{1}{\sqrt{2}} + \frac{1}{m}\left(\frac{1}{2}\sin\theta - \frac{1}{\sqrt{2}}\cos\theta\right)\right] \tag{8.1}$$

式中：m 为硅刻蚀快面（图 8.1（b）中的倾斜侧面所示）与刻蚀慢面（硅片表面）间的腐蚀速率比；θ 为刻蚀快面和刻蚀慢面间的夹角。通常情况下，这两个参数在同一次腐蚀过程中保持相对固定关系，即 s 和 d 间呈线性关系。因此，式（8.1）可简化为

$$s = d\left(\frac{1}{\sqrt{2}} - \frac{1}{2m}\right) = \alpha d \tag{8.2}$$

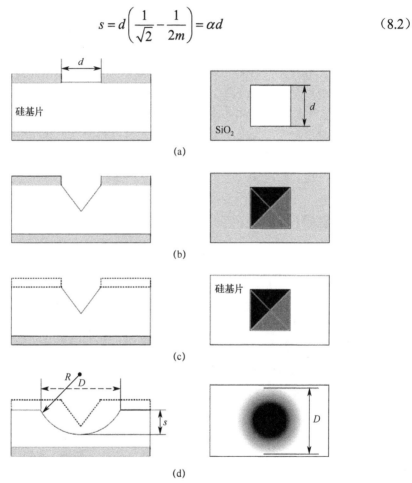

图 8.1 硅微结构面形演化特征

由式（8.2）可见，最终的凹弧面深度 s 仅与初始开孔尺寸 d 有关。如图 8.1（d）所示，随着 KOH 刻蚀时间的延续，s 基本不会发生较大变化，但凹弧面的曲率半径则会随刻蚀时间的增加而增大，在凹深方向上的硅片其整体刻蚀深度也会

不断增大。若将凹弧面粗略地视为一个凹球面,将其与硅片表面相交圆的直径设为 D,根据文献所介绍的经验关系,即

$$D = 7.8h^{0.58}d^{0.42} \tag{8.3}$$

式中:h 为形成凹球面时所对应硅片的整体刻蚀深度。最终获得的凹球面曲率半径 R,可由式(8.2)和式(8.3)联合导出,即

$$R = \frac{D^2}{8s} + \frac{s}{2} \tag{8.4}$$

基于上述解析关系获得特定曲率半径的凹球面轮廓,主要包括以下步骤:①计算凹球面深度 s;②依据式(8.2)计算微孔窗口孔径 d;③计算凹球面的曲率半径 R;④依据式(8.4)计算凹球面曲率半径 D;⑤依据式(8.3)计算硅片的整体刻蚀深度。

一般而言,通过上述操作可得到特定曲率半径的凹球面所对应的微孔窗口的孔径尺寸以及硅材料的整体刻蚀深度。所得出的孔径数据将直接作为设计光掩模版的参数依据。考虑到硅材料的整体刻蚀深度在 KOH 湿法刻蚀过程中不易测量这一个因素,需要找到与其密切相关的可观测或可测量的量。鉴于刻蚀速率和刻蚀时间与硅的整体刻蚀深度直接相关,并且在湿法蚀刻过程中最易控制的是刻蚀时间,通常情况下仅需要准确计量硅的有效刻蚀时间即可。

8.2 硅片 KOH 湿法蚀刻速率

基于图 8.1 所示的硅片在 KOH 溶液中的各向异性刻蚀属性,精确制作凹球面轮廓微结构,必须精确控制刻蚀操作时间,使硅材料的整体刻蚀深度严格达到设计指标要求。考虑到硅片 KOH 湿法刻蚀工艺具有操作简便、成本低、便于批量生产、兼容标准微电子工艺等特点,本节着重分析硅片 KOH 湿法刻蚀速率特征及其与 KOH 溶液温度的关系。一般而言,对硅所施加的各向异性刻蚀操作常采用的化学试剂类别有有机腐蚀剂和无机腐蚀剂,如表 8.1 所列。

表 8.1 用于硅各向异性刻蚀的常用化学试剂

类　别	名　称
有机腐蚀剂	邻苯二酚+水
	乙二胺
	联胺
	TMAH
无机腐蚀剂	氢氧化钠
	氢氧化钾
	氢氧化铵
	氢氧化铯

通常情况下，对有效执行湿法刻蚀而言，高 pH 值碱性溶液均可用作腐蚀液。但对于获取特殊光学和微光学面形结构的硅基各向异性刻蚀来说，还需要综合考虑以下因素。

（1）刻蚀速率。

特殊晶向上的硅材料其各向异性湿法刻蚀特性，通常用于快速制作较大面形的结构面，需要较高刻蚀速率，可以保证制作速度，又可以通过快腐蚀方式避免生成可附着在硅表面的其他产物，保持微结构的表面形貌和轮廓完整性。

（2）晶向依赖性。

硅的各向异性刻蚀特性，其本质是腐蚀性溶液在硅的不同晶面上呈现特有的刻蚀速率，通常在快面和慢面上的刻蚀速率最大可达到几百比一，即显示晶向依赖性。

（3）刻蚀面的光滑程度。

针对制作光学和微光学结构希望得到表面光滑洁净、表面粗糙度极小（如常规的几十纳米甚至几纳米）尺度等，除了在设计上应尽量匹配微孔窗的排布位置和结构尺寸，尽可能降低表面粗糙度外，腐蚀性溶液在蚀刻过程中是否能始终保持均匀性和同质性，同样是影响硅结构表面粗糙度的重要因素。

（4）溶液的毒副作用与易控性。

对硅材料施加蚀刻操作的腐蚀性溶液，均不同程度地存在毒副作用。为了减小环境污染以及对操作人员可能造成的伤害，在样品加工过程中，配制溶液以及对蚀刻过程进行观察和干预均需要人工参与，应尽量采用毒性小、容易控制的溶液。

一般而言，在针对单晶硅材料的各向异性刻蚀实验中，较多采用的腐蚀性溶液主要有 TMAH（Tetra Methyl Ammonium Hydroxide）和 KOH。实验表明，TMAH 在腐蚀过程中常会在微结构表面形成小丘状凸起且难以去除，影响最终结构的表面粗糙度和光洁程度。KOH 则可以有效满足上述要求，其典型优势表现在：①对特定晶向的硅材料呈现较高的刻蚀速率；②通过合理选择溶液浓度，可使硅快面和硅慢面上的刻蚀速率达到 400∶1 的高比率；③刻蚀获得的最终结构面较为光滑，一般不会在结构表面残留中间过程产物，如典型的络合物等；④尽管对硅材料呈现强腐蚀性，但其毒性低、易清洗且挥发物少，在配制溶液时除释放较大热量外几乎不存在其他毒副作用影响。

为了测定 KOH 溶液在不同浓度和温度下的硅材料刻蚀速率，设计了一组实验，所选定的溶液温度分别为 60℃、80℃和 110℃，溶液浓度分别为 10%、20%、30%、40%和 50%。实验硅片直径 4in，厚约 350μm。分别对 {100} 晶向和 {111} 晶向的硅材料进行蚀刻处理，步骤如下。

① 用超声波振荡仪清洗硅片并用氮气吹干。

② 在硅片的上下表面分别生长厚约 500nm 的 SiO_2 保护膜。

③ 在特定晶向的硅片表面均匀涂敷厚约 100nm 的正性光刻胶。

④ 光刻硅片得到硅基微孔阵光掩模。

⑤ 将硅结构放入 BHF（缓冲氢氟酸）中腐蚀约 5min，形成硅窗孔阵。

⑥ 去除硅窗孔周围的光刻胶并测量腐蚀成形的硅台阶高度或已蚀刻的硅材料深度。

⑦ 将经过上述处理的硅样片分别放入不同实验条件下的 KOH 溶液中进行蚀刻处理。

⑧ 刻蚀结束后取出样片，清洗吹干，测量刻蚀深度，计算不同实验条件下的硅材料刻蚀速率。

依据以上步骤所获得的在不同实验条件下的硅材料刻蚀速率情况如图 8.2 和图 8.3 所示。{100}晶向硅材料的 KOH 刻蚀速率随溶液温度的升高而增大，在 KOH 溶液浓度约 30%时，各温度状态下的刻蚀速率均基本达到最大值。KOH 溶液浓度小于 30%时，刻蚀速率减小得较为缓慢。当大于 30%后，刻蚀速率快速减小，在约 50%时达到最小。因此，针对有较高刻蚀速率需求的 KOH 溶液浓度，一般不应高于 30%。另外，在约 60℃温度处，各浓度状态下的刻蚀速率均为 0.5μm/min 左右。因此，通过控制刻蚀时间，可较好控制硅材料的蚀刻深度，较适合制作有较高结构精度要求的光学或微光学结构。当溶液温度控制在约 80℃时，刻蚀速率最高达到 1.5μm/min，较适合制作深度要求较大的光学或微光学结构。在约 110℃温度状态下，刻蚀速率可达到 4μm/min。由于刻蚀速率已较大，工艺控制的难度将显著增大，较适合已具有确定参数指标情况下的批量化制造或生产。

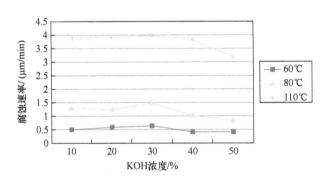

图 8.2 {100}晶向的硅材料在不同实验条件（KOH 溶液浓度和温度状态）下的刻蚀速率

如图 8.3 所示，{111}晶向硅材料的刻蚀速率同样随 KOH 溶液温度的升高而增大。在约 30%浓度处，各温度状态下的刻蚀速率也均基本达到最大值。但是从整体刻蚀速率情况看，在约 30%浓度处的温度为 110℃时，所达到的最大刻蚀速率仅约 0.043μm/min。由于刻蚀速率过低，通常无法达到可有效制作光学微细结构的工艺指标要求。

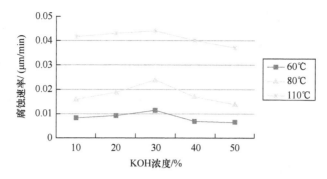

图 8.3 {111}晶向的硅材料在不同实验条件（KOH 溶液浓度和温度状态）下的刻蚀速率

对通过 KOH 各向异性蚀刻制作结构精细光滑的光学或微光学结构而言，需要较为稳定和适宜的刻蚀速率，腐蚀过程不能进行得过快以便于控制。综合图 8.2 和图 8.3 可知，较为适用的 KOH 浓度以 30%为佳，后续的结构设计和工艺实验均依照此参数进行。为了更精细地获知 30%浓度的 KOH 溶液对硅材料的刻蚀速率，进一步开展了实验对比分析，所获得的刻蚀速率随 KOH 溶液温度与刻蚀时间的依赖关系如图 8.4 所示。随着 KOH 溶液对硅材料刻蚀时间的逐渐延长，所选温度处的刻蚀速率都呈现下降趋势，在约 110℃温度处表现得更为明显。

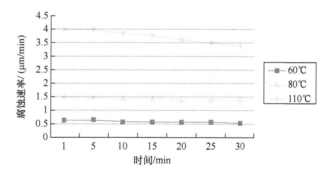

图 8.4 约 30%浓度的 KOH 溶液对硅材料的刻蚀速率与进行时间、溶液温度的依赖关系

通过仔细分析可能导致 KOH 刻蚀速率下降的原因时发现，在约 100℃以下和 100℃以上时，下降原因有所不同。当 KOH 溶液温度在约 100℃以下时，随着刻蚀反应的持续进行，KOH 溶液中的溶质不断减少，而溶剂量则变化不大，溶液浓度在不断下降，导致刻蚀速率逐渐降低。当溶液温度在约 100℃以上时，情况则刚好相反。KOH 溶液中的溶剂会因温度较高而快速蒸发，使 KOH 溶液浓度不断提高。由图 8.2 可见，较高的溶液浓度会驱使反应过程中的刻蚀速率下降，其原因在于：表面硅原子与 KOH 因反应过快，使中间产物硅（OH）$_4$ 由于来不及转移而附着在硅原子表面。如果堆积过多，将发生聚合反应，生成不溶于水的 K_2SiO_3 化合物并残留在硅表面，使刻蚀速率降低。对有效控制 KOH 刻蚀反应而言，希望有稳定的刻蚀速率且不宜过大，以便有效地监控反应进程。图 8.4 所示数据也再次印证了所选

择的 KOH 刻蚀参数条件，即浓度约 30%和温度约 60℃的合理性。在此实验条件下，刻蚀速率随时间的变化基本稳定，从而便于在实验系统设计和仿真评估时预估刻蚀时间，合理输出和配置 KOH 工艺参数以及仿真预测实验进程和参数指标。

考虑到在制作光学或微光学结构时，主要采用制备容易且成本相对低廉的 SiO_2 作为抗 KOH 腐蚀的掩模结构。尽管 KOH 溶液对 SiO_2 呈现较低的刻蚀速率，但在制作深度较大的微结构时仍需较长刻蚀时间，同样会对 SiO_2 掩模产生较大的蚀刻影响。因此，进一步开展了 KOH 溶液（浓度为 30%）对 SiO_2 材料的腐蚀作用对比分析，如表 8.2 所列。

表 8.2　30%浓度的 KOH 溶液对 SiO_2 材料的典型刻蚀特征

温度/℃	刻蚀深度/μm	时间/min	刻蚀速率/(μm/min)
60	0.5	133	$3.76×10^{-3}$
80	0.5	93	$5.38×10^{-3}$
110	0.5	66	$7.58×10^{-3}$

综合图 8.4 和表 8.2 可得到约 30%浓度的 KOH 溶液在几个典型温度状态下对硅和 SiO_2 材料的刻蚀速率比情况。典型数据为（60℃，158:1）（80℃，260:1）及（110℃，541:1）。为了保证在制作较深微结构时 SiO_2 掩模不会被 KOH 溶液侵蚀掉，在约 60℃条件下，需要在硅表面生长较厚的 SiO_2 掩模。以 500nm 的 SiO_2 掩模为例，在约 60℃时，经过 133min 就可将其侵蚀殆尽。此时，特定晶向硅材料的刻蚀深度约为 79μm，即可加工的微结构其最大深度约为 79μm。

8.3　微形貌结构建模

依据已经发展的硅片 KOH 各向异性湿法刻蚀法，可以在特定晶向的硅片表面有效形成一个可用凹球面近似的凹弧面结构，进一步通过 KOH 刻蚀衔接或拼接，连接起多个大小不一、深浅不同的相邻凹弧面（用凹球面近似替代），拟合出非球面轮廓的光学或微光学折射面形。本节针对构建任意曲面轮廓的连续折射面形建立通用模型，可有效地减小期望轮廓与刻蚀成形的最终轮廓间的面形误差，以及最小化拟合构建的面形轮廓表面粗糙度等参数指标要求。主要涉及以下关键步骤：首先提出一种均匀开孔模型方案；然后利用贪心算法对其进行优化和改进，使表面形貌粗糙度降到最小，达到可用于设计具有不同面形特征的光学或微光学折射结构这一目标。

8.3.1　均匀开孔模型

利用硅基各向异性蚀刻特性制作连续轮廓的光学或微光学折射面形结构，其数学实质是建立一个可用结构尺寸不同的凹球面，拟合构建任意三维轮廓的可解析表征模型。其限制性条件是：拟合结构必须满足预订的面形误差和表面粗糙度要求。因此，一方面要约束拟合结构面形和期望轮廓间的误差程度，保证面形结构的准确性；另一方面还要使拟合轮廓的表面粗糙度符合光学镜面要求，保证面形结构的光学适用性。

基于上述考虑，首先采用等间距采样法建模，具体步骤如下。

（1）设定一个采样间隔，或者根据三维目标轮廓的结构尺寸情况，动态获取一定数量的采样点，然后存储采样点处的轮廓深度值。

（2）对各采样点处的深度值依据式（8.2）反算得到应开孔尺寸，然后存储开孔数据。

（3）在每个拟开孔处，根据采样点周围的轮廓形貌，选定一个误差最小的凹球面，即凹球面深度值与期望轮廓深度值间的差别情况越小越好，然后计算曲率半径。

（4）由各采样点处的凹球面曲率半径，依据式（8.4）计算凹球面与硅片表面相交圆的直径，然后依据式（8.3）计算硅材料的整体刻蚀深度。

（5）根据蚀刻速率参数，计算不同刻蚀条件下所需的刻蚀时间，然后输出开孔数据以及刻蚀时间等参数。

图 8.5 所示为基于上述参数配置进行均匀开孔及轮廓拟合的模型特征示意图。其中，图 8.5（a）显示了期望得到的目标轮廓。将此轮廓进行均匀采样，从截面情况看，可初步分成八个采样点，分别存储采样点处的深度值。图 8.5（b）所示为用凹球面对目标轮廓进行拟合的示意图。根据采样点处的深度值 s，通过式（8.2）计算出各采样点处的开孔尺寸 d，此时还需要结合硅整体腐蚀深度 h 的情况，综合得到各凹球面的曲率半径。

由上述建模过程可见，凹球面的曲率半径决定了最终轮廓的形貌结构和面形参数，即与期望轮廓间的面形误差和表面粗糙度，故硅整体刻蚀深度的准确判定就显得极为重要。首先采用计算机穷举方式，对一定区间范围内的硅整体刻蚀深度按一定间隔逐一计算，找到与期望轮廓即目标轮廓有最小面形误差和表面粗糙度的整体刻蚀深度数据，即确定较为精确的 h 值，然后通过式（8.3）计算各凹球面与硅片的表面相交圆的直径数据，即 D 值，最后通过式（8.4）确定凹球面的曲率半径 R。通过上述操作可确定凹球面的尺寸特征和排布位置，进一步通过计算可得到相对最终面形轮廓的各点位深度值。

图 8.5（c）显示了与各采样点对应的开孔数值大小及其空间排布情况，由图可见，各微孔的排列相对均匀，但是微孔尺寸大小不一。一般呈现大孔分布在中央位置处，小孔分布在大孔周边，随着微孔尺寸的渐次减小，其与大孔间距也逐渐增大这样一种排布趋势。图 8.5（d）显示了依据所设定的凹球面的深度情况进行包络组合所拟合出的面形轮廓情况。

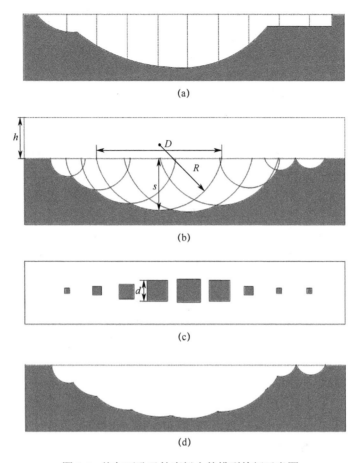

图 8.5 均匀开孔及轮廓拟合的模型特征示意图

8.3.2 面形误差与表面粗糙度

基于均匀开孔模型的拟合轮廓与期望轮廓间的误差分布示意图如图 8.6 所示。图 8.6 由图 8.5（d）所示的由实线表示的拟合轮廓与图 8.5（a）所示的由虚线表示的期望轮廓叠加构成。由图 8.6 可见，圆弧状的凹球面不能完全包络期望轮廓，也就是说任意形面的期望轮廓的局部面形，即使非常接近所设定的圆弧面或基于曲率表征的圆弧段，但是不能完全贴合。尤其需要强调的是，图 8.6 所示图形由均匀采样模型构建，此模型算法虽然简单，但在拟合局域轮廓也就是采样点处的局部面形时，未考虑整体面形结构特征，即未涉及相邻区域的轮廓形貌情况，导致拟合操作虽然在各局域化面形内都能满足误差指标要求，但在基于整体面形的期望轮廓仍会出现一定误差。在图 8.6 所示的右侧局部图形中，仍然显示凹球面相交处存在过大误差这一现象。其原因在于，拟合较为平坦的形面结构或轮廓区域时，由于采用等间距采样，会采用数量相对较多的凹球面组合进行图形衔接或拼接以减小误差。因此，均匀开孔模型仍需改进，以达到更为精细的光滑拟合效果。

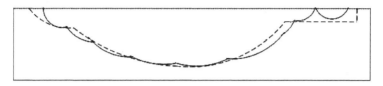

图 8.6 基于均匀开孔模型的拟合轮廓与期望轮廓间的误差分布示意图

如图 8.6 所示的拟合操作，其实质就是采用大小不一的凹球面加以有效组合，衔接或拼接形成与期望轮廓最为接近的包络轮廓这种渐次逼近的过程。因此，在两个相邻凹球面间的相接部位，不可避免地会出现尖峰状凸起，如图 8.7 所示。一般而言，通过硅片 KOH 湿法刻蚀所形成的微弧面或凹球面，可视为光学镜面。对拟合结构的表面粗糙度造成影响的主要就是相邻微球面或凹球面间的尖峰状凸起。

采用最大谷峰高度来计算拟合轮廓的表面粗糙度。最大谷峰高度定义为：尖峰状凸起的最高点与微球面或凹球面底部的高度差。为了准确评估表面粗糙度情况，便于精确进行仿真模拟和误差估算，给出最大谷峰高度 R_t 的解析表征，即

$$R_t = \frac{(R_2-R_1)(L^2-R_2^2+R_1^2)\sqrt{L^2-(R_1-R_2)^2}+2R_1L^2\sqrt{L^2-(R_1-R_2)^2}}{2L^3} - \frac{[L^2-(R_1-R_2)^2]\sqrt{4R_1^2L^2-(L^2-R_2^2+R_1^2)^2}}{2L^3}$$

（8.5）

式中：R_t 为两个相邻凹球面的交点与外公切线间的距离；R_1 和 R_2 分别为图 8.7 所示的左侧大圆和右侧小圆的曲率半径；L 为图 8.7 左侧大圆和右侧小圆中心距在外公切线上的投影。由式（8.5）可见，引起硅拟合轮廓表面粗糙度增大的主要控制因素，为经过 KOH 刻蚀成形的凹球面间的距离和凹球面的曲率半径。因此，开孔距离设置和硅片整体刻蚀所能达到的深度值，决定了最终基于 KOH 湿法刻蚀所构建的拟合轮廓结构的表面粗糙度。

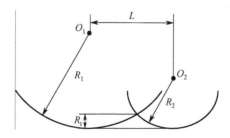

图 8.7 不同结构尺度的相邻凹球面相接贴合示意图

综上所述，显著降低并最终形成的拟合轮廓和期望轮廓间误差的前提是设定一个最大允许误差值。在此基础上，选用满足误差条件的凹球面进行拟合衔接或

拼接操作。降低拟合轮廓的表面粗糙度，除了应减小相邻微球面间的尖峰状凸起高度外，还应减少相交凹球面的数量。针对上述要求进一步发展了非均匀开孔模型，由其所构建的拟合轮廓误差和表面粗糙度情况，均较均匀开孔模型有较大改进。

8.3.3　非均匀开孔模型

均匀开孔模型具有算法简单，适用于一些特殊面形的折射轮廓的设计和制作，但是在细节处理上仍显不足。例如均匀布设微孔会造成相对稠密的相邻凹球面间的尖峰状凸起，从而增大表面粗糙度，降低拟合轮廓的光学适用性。本节进一步发展了一种非均匀开孔模型，主要基于贪心算法理念，尽量减少拟合轮廓所需要的凹球面数量，同时设定误差上限，最终获得更佳的面形拟合效果。

1. 贪心算法

贪心算法也称为贪婪算法，是指在求解问题时始终做出针对当前情况的最好选择，直到问题求解完毕。一般而言，在求解问题时，通常希望得到一个整体最优解。对问题的求解往往包含一系列步骤，各步骤都要做出一定的扬弃选择。贪心算法的作用就是让每步所做出的选择，看起来都是当前最优的。它希望通过局部最优选择来生成一个最终的全局最优解。迄今为止的算法研究显示，贪心算法是一个较为有效的计算选择和执行模式，可应用于求解许多复杂和困难问题，通常可有效给出整体最优解或近似最优解。

利用贪心算法求解问题，通常包括以下几个步骤。

（1）将实际问题抽象化，通过数学建模描述待解决的问题。

（2）将要求解的问题分解成若干个子问题并分别建立数学模型。

（3）在求解问题环节，按照贪心算法理念选择当前最佳的方案对子问题开展求解计算。

（4）将每个子问题的最优解（局部最优解）组合成原问题的一个解。

由以上分析可以看出，贪心算法采用了自顶向下的执行方式，通过对所分解的各子问题做出贪心选择，把复杂问题不断化解为更小的易于解决的子问题，最终组合成整体最优解。针对所开展的非球面光学或微光学折射面形构建这一问题，贪心算法理念与通过微球面或微弧面拟合，构建出复杂面形轮廓这类问题高度契合。原因如下：用凹球面或微弧面拟合期望轮廓，就是将期望轮廓首先分划为更小的多个局部区域，进而对各局部区域进行基于凹球面或微弧面的拟合拼接操作。通过误差分析可见，进行局部区域的轮廓拟合时，为了减小表面粗糙度，希望利用尽量少的凹球面或微弧面包络再现所分划的局部轮廓形貌，体现出了一种贪心性。通过对所分划的局部区域找出最优的微球面或微弧面拟合架构，再组合拼接成最终的整体面形轮廓，可以保证所得到的轮廓形貌与期望轮廓具有最小面形误差和表面粗糙度，也就是说，所获得的是一个整体最优解。

2. 基于贪心算法的非均匀开孔建模

根据贪心算法理念，在成功构建均匀开孔模型的基础上，进一步建立非均匀开孔模型方案，步骤过程如下。

（1）设定拟合过程初始点。如将要拟合的轮廓其投影是一个矩形，则从矩形的一个顶点开始，分别找出局部深度值最大的点并存储位置数据，该步对应贪心算法中的问题分解环节。

（2）对每个局部最深点，依据式（8.2）反算得到开孔尺寸并存储相关数据。

（3）在各开孔位置处，根据采样点周围的数据分布情况，确定一个在所设定误差的允许范围热力学能拟合尽量大区域的一个凹球面。对于不能满足误差要求的其他区域，通过增加凹球面加以解决，然后计算各凹球面的曲率半径，该步对应贪心算法中对各子问题寻找当前最佳解这一环节。

（4）由各采样点处的凹球面的曲率半径，依据式（8.4）计算凹球面与硅片表面相交圆直径，然后依据式（8.3）计算硅材料的整体刻蚀深度数据。

（5）根据硅刻蚀速率参数情况，计算不同刻蚀条件下所需的刻蚀时间，然后输出开孔数据和所规划的刻蚀时间等参数。

3. 模型分析

图 8.8 所示为基于非均匀开孔模型进行开孔设计，以及进行微球面或微弧面目标面形轮廓拟合的模型特征示意图。其中图 8.8（a）所示为期望轮廓，为了与均匀开孔模型进行比较分析，采用了与均匀开孔模型相同的期望轮廓。其算法执行过程为：首先选定一个起始点，如图 8.8 所示的轮廓截面的左侧点；然后分别找到各局部区域中的最深点，如图 8.8 所示中仅找到一个点这种典型情形。图 8.8（b）所示为从局部最深点处开始拟合操作的过程示意图。首先找到一个在设定误差允许范围热力学能拟合尽量大区域的一个凹球面，即图 8.8（b）中半径为 R 的凹球面；然后对不能满足设定误差要求的区域，通过增加小孔径凹球面的方式来逐次拟合，如图 8.8（b）中设定在最大凹球面左右两侧的小凹球面，就是为了满足设定误差要求而增加的拟合结构；最后根据所选定的凹球面或微弧面位置和曲率半径数据，反算出需要布设微孔的开孔尺寸和位置数据以及误差最小时所对应的硅整体刻蚀深度数据。图 8.8（c）显示了与各凹球面或微弧面对应的，具有不同孔径尺寸的微孔分布情形。由图可见，不同孔径的微孔呈不均匀排布形态，大尺寸微孔相对最大凹深分布，小尺寸微孔依次分布在大尺寸微孔周边，随着微孔尺寸的渐次减小，其与大尺寸微孔的间距也呈逐渐增大趋势。图 8.8（d）显示了依据各凹球面或微弧面深度值，进行拼接组合所获得的最终拟合轮廓情况。通过非均匀开孔模型所预测的拟合轮廓与期望轮廓间的误差分布示意图如图 8.9 所示，该图由基于非均匀开孔模型可获得的拟合轮廓（图 8.8（d））与期望轮廓（图 8.8（a））叠加形成，图 8.9 中的实线表示拟合轮廓，虚线表示期望轮廓。

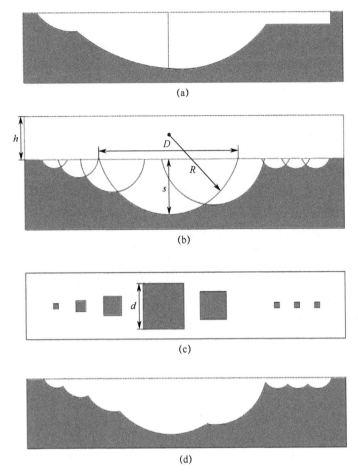

图 8.8 非均匀开孔设计进行微球面或微弧面目标面形轮廓拟合的模型特征示意图

图 8.9 利用非均匀开孔模型可获得的拟合轮廓与期望轮廓间的误差分布示意图

由图 8.9 可见,利用非均匀开孔模型所预测的拟合轮廓较基于均匀开孔模型的相应情形,其轮廓误差和面形结构均有明显改善,即与期望轮廓更为接近。由于模型采用了在误差较大情况下,通过递归方式增加凹球面这一方法控制和减小误差,使所生成的拟合轮廓更贴合期望轮廓。鉴于贪心算法的本征属性,利用此模型所规划的凹球面数量也是最少的,意味着基于相邻微球面或微弧面间的尖峰状凸起所表征的轮廓面形其表面粗糙度也可以相应降低。综上所述,针对更为复杂的非球面折射面形,利用非均匀开孔模型可以更有效地得到结构误差和表面粗糙度较低的拟合轮廓。

8.4 软件系统设计与实现

本节针对非均匀开孔模型,完整构建了一套可视化软件系统,具有良好的用户交互界面,针对目标轮廓可通过算法实现非均匀开孔建模、数据体系生成、轮廓拟合构建与评估等功能。从软件系统输入端输入三维目标轮廓数据后,可直接从输出端输出仿真结果和开孔数据等参数指标。系统工作流程如图 8.10 所示,主要包括轮廓输入、参数计算、误差估算与仿真、评估误差是否满足要求以及参数输出等环节。软件系统在 VC 6.0 环境下开发,采用了 OpenGL 技术仿真三维轮廓形貌。系统设计采用标准的软件开发流程,即需求分析、概要设计、详细设计、编码和测试等。

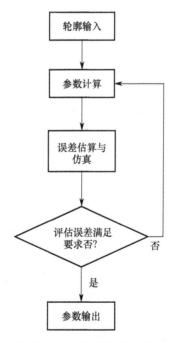

图 8.10 基于非均匀开口模型的软件系统工作流程框图

1. VC 6.0 集成开发环境

Visual C++是微软公司推出的一款可视化编程工具。它以 C++为开发语言,具有面向对象的典型特征。面向对象这个概念较为宽泛,如程序设计、数据库系统、应用平台、交互式界面、分布式系统和人工智能等。在程序设计和软件开发活动中,面向对象又包括面向对象分析、设计和编码。所采用的设计方法一般是封装、继承和抽象等。VC 6.0 是微软公司所推出的 VC 系列中的早期版本。由于其具有兼容性好、运行速度快和支持多种插件等特性，至今仍然是 Windows 开发中的常用平台。本软件系统采用 VC 6.0 进行开发，主要设计考虑有：①非均匀开孔模型基于面向对象法容易抽象和实现，VC 6.0 能很好地支持面向对象以及类似行为的构建操作；②开发环境界面友好，基于其可视化功能可以方便、快捷地开发出用户交互界面；③开发环境附带强大的类库，使用 MFC 技术可以高效开发出稳定的系统；④开发环境可以和 OpenGL 技术较好地结合，能方便地构建三维仿真结构和复杂面形。

2. OpenGL 技术

OpenGL（Open Graphics Library）是目前在图形图像处理领域中广泛采用的标准技术。它定义了一个跨平台跨语言的通用接口，可提供调用方便、功能强大的底层图形库。具有函数类别全面、功能丰富、调用简单、显示与交互性好、易于进行三维图形设计和仿真等特点。目前，几乎所有品牌的显卡都支持 OpenGL，它的应用范围已经从三维设计和游戏开发等逐步扩展到了图像处理、动画、科学计算可视化、虚拟现实和仿真等多个领域。开发本软件系统采用了 VC 与 OpenGL 相结合的方式，主要基于 OpenGL 的强大三维图形再现功能，高效仿真期望轮廓、拟合过程以及拟合轮廓，并且配合 VC 开发出交互良好的三维应用程序。

本软件系统采用 MFC 框架进行设计，基于 Document 的视图结构，可以方便地进行基于对话框的交互性设计，以及同步显示拟合过程中的期望轮廓和拟合轮廓的二维视图。依据图 8.10 所示的系统流程框图，软件系统按照功能可划分为轮廓输入模块、计算和拟合模块、误差估算模块、二维及三维轮廓显示模块。轮廓输入模块主要由 MFC 库函数实现，并负责与用户交互。计算和拟合模块主要基于 C++设计实现非均匀开孔模型的执行操作。二维及三维轮廓显示模块主要通过调用 OpenGL API 函数实现，并可以动态显示。需要说明的是，各模块只是在功能上进行了划分，在软件系统的实现上则作为一个整体。各模块的功能特征如下。

3. 轮廓输入模块

轮廓输入模块的主要任务是负责接收和处理用户输入的期望轮廓。本模块的实现方式是：建立一个与用户交互的对话框，用来接收用户输入的三维轮廓数据。数据输入一般采用解析表达式进行，如图 8.11 所示，以利于在 Matlab 上进行三维轮廓模拟和调整。在得到用户输入的解析式后，首先用该模块对解析式进行预处理，即一方面要通过分析字符串来评估解析式的正确性，另一方面还要将其转化成在编程中容易处理的后缀式；然后对解析式所表征的三维轮廓进行采样并加以存储，即加载到内存中，供后续计算使用。采样过程就是首先对解析式的后缀式进行离散化计算的过程，按照 X 坐标和 Y 坐标计算出 Z 坐标值，然后存储在一个动态开辟的二维数组中。根据实验分析以及所使用的计算机处理能力，目前一般取 500×500 左右的采样规模较为适宜，可以较好展现所希望的三维轮廓。本软件系统还预置了多种常规轮廓，包括抛物面、双曲面和正弦面等，如图 8.12 所示的"选择轮廓"对话框可通过参数输入方式扩展到任意二次曲面，如图 8.13 所示。另外，还包括一些其他面型，如折面、阶梯面、sin 函数、cos 函数等的组合面型，其输入方式如图 8.14 所示的"其他面型选择"对话框。

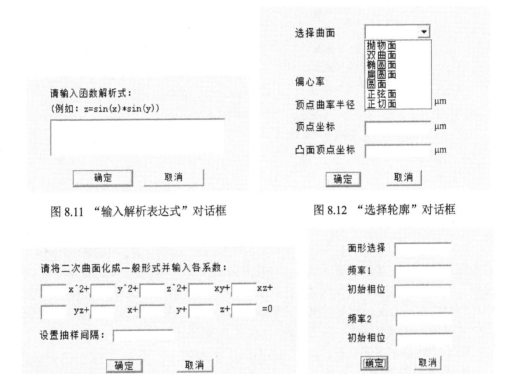

图 8.11 "输入解析表达式"对话框　　图 8.12 "选择轮廓"对话框

图 8.13 "输入任意二次曲面"对话框　　图 8.14 "其他面型选择"对话框

4. 计算和拟合模块

计算和拟合模块是本软件系统的核心，用于决定期望轮廓的拟合方式，即得到凹球面或凹弧面的组合方式，进而得到开孔尺寸和定位数据以及最终的拟合轮廓。本模块采用非均匀开孔模型，具体实现方式如图 8.15 所示的"参数输入"对话框。

（1）执行贪心算法。即对已存储的期望轮廓采样数据进行分割，寻找各分割区域的最深点位，然后存储这些最深点位的位置数据，包括 X 坐标、Y 坐标和深度值。为了节省内存空间，目前采用的数据结构为链表。

（2）针对各分割区域选择凹球面拟合轮廓。拟合过程实际上也是一种匹配过程，利用计算机的快速数据处理能力，寻找一个可实现最佳匹配的凹球面。主要执行过程为：按照最深点位的深度值，从小到大依次选择凹深相同但曲率不同的凹球面，比较其与周围数据点的误差情况，从中选取一个误差最小的凹球面。

（3）基于所选取的凹球面计算各采样点的深度对应值，对于不能满足误差要求的位点，通过增加凹球面方式加以解决，然后存储将凹球面组合后的各采样点的深度数据。

图8.15 "参数输入"对话框

（4）生成数据体系。依据式（8.1）至式（8.4），分别计算凹球面所对应的开孔数据以及硅的整体刻蚀深度数据，开孔数据还需要进一步导出到 CIF 格式的文件中。在实际实验过程中，一般还希望控制 KOH 刻蚀时间，以达到有效控制样片整体刻蚀深度的目的。需要根据用户输入的刻蚀条件，按图 8.15 所示的"参数输入"对话框，计算刻蚀速率以得到所对应的刻蚀时间。

（5）将数据传递到误差估算模块和图形显示模块。

5. 误差估算模块

其主要通过误差估算模块执行两项任务：一是计算出拟合轮廓和期望轮廓间的面形误差，保证拟合操作的准确性；二是估算出拟合轮廓面形的表面粗糙度是否达到光学镜面要求。上述两项任务均按照均方根（Root Mean Square，RMS）计算方式进行，即

$$\mathrm{RMS} = \sqrt{\frac{x_1^2 + x_2^2 + x_3^2 + \cdots + x_n^2}{n}} \qquad (8.6)$$

对于各采样点得到拟合轮廓和期望轮廓的差值，代入式（8.6）得到拟合轮廓和期望轮廓间的整体误差。表面粗糙度计算则根据式（8.5）进行，首先计算出相邻凹球面相互衔接/相交处的尖峰状凸起的高度值；然后代入式（8.5）计算出整体轮廓的表面粗糙度。

6. 图形显示模块

图形显示模块的作用体现在两个方面，一是在执行计算和拟合处理后实时显示二维轮廓的拟合情况，得到俯视图；二是根据拟合数据，使用 OpenGL 技术执

行三维动态显示。对于常规的二维显示：首先通过调用 MFC 的 OnDrwa（）函数，在 0~255 范围内（范围可更改）对各像素点赋值；然后显示整幅图形的灰度俯视图。对于高逼真度三维显示，通过调用库函数，对计算和拟合模块所生成的拟合轮廓数据值，以每四个点为一组，通过绘制面形组合这一方法显示整个轮廓，并且加入了鼠标动作。利用鼠标的左键或右键单击，分别实现顺时针或逆时针旋转。

图 8.16 给出了一组用所开发的软件系统拟合构建的三种典型轮廓面形的三维视图。其中图 8.16（a）~（c）上的左上角插图，分别为期望得到的轮廓形貌仿真图，左下角插图为经过 KOH 刻蚀处理后所能获取的轮廓形貌图片，图 8.16（a）~（c）右侧图均为所生成的基于微孔阵有序排布构建的掩模版图。该掩模版图既与制作在硅片表面的 SiO_2 抗蚀刻掩模版图相对应，也与用于光刻操作的光掩模版图（用于常规紫外光刻）或光掩模数据图或数据体系（用于电子束光刻）相对应。

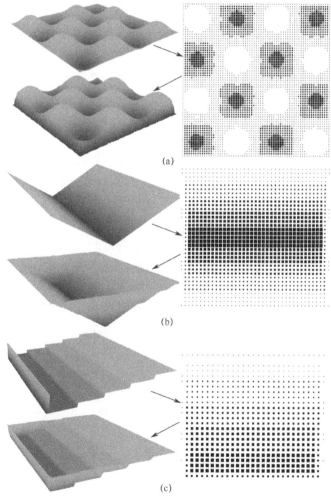

图 8.16　三种典型轮廓面形的三维视图

8.5 硅凹折射微透镜阵列

利用所开发的软件系统：首先进行简单面形的非球面凹微透镜阵列的结构仿真、设计、KOH 刻蚀制作和测试评估；然后在验证软件有效性的同时，进一步对其进行优化和增强。一般而言，凹透镜主要起到对入射光束进行空间发散的作用。通过在 {100} 晶向的硅片上，利用 KOH 溶液的各向异性蚀刻特性制作凹透镜阵列，对红外光束执行阵列化发散处理。在硅片上加工制作大阵列规模的凹透镜，通常可以获得极高填充系数的阵列化结构，可将高斯红外激光通过凹透镜的阵列化反射发散，以相对低廉的成本整形成光能均匀分布的宽红外波束，构建成反射式的面红外源。

1. 制作凹深不同的凹透镜阵列光源

基于已相对成熟的硅基 KOH 湿法刻蚀方法，制作一组凹深不同的凹透镜阵列。具体参数为：阵列规模 512×512 元，单元微透镜通光孔径（也是单元凹透镜的面形尺寸）为 27μm，行间距与列间距也均设置为 27μm。按照不同凹深配置，共制作六组凹透镜阵列，预期的凹深分别为 1.0μm、1.2μm、1.4μm、1.6μm、1.8μm 和 2.0μm。实验参数条件为：KOH 溶液浓度 30%，溶液温度为 60℃。首先使用所开发的软件系统，分别对六组阵列化的简单非球面凹透镜进行拟合仿真，由于凹透镜阵列只是对单元凹透镜进行大规模的空间复制排布，因而仅需要对单元凹透镜进行拟合操作；然后将拟合结果阵列化展开即可。以下所述仅涉及一组凹深为 2.0μm 的凹透镜进行的示范性拟合和仿真，典型步骤如下。

1）轮廓输入

采用软件内置的圆面凹球面类别，设置顶点坐标为（12.1μm，12.1μm，12.0μm），曲率半径为 224μm。图 8.17 所示为单元硅凹微透镜俯视图，颜色深浅与凹深对应，如中间颜色最深处也就是凹深最大位置。在这一步还需要用户输入初始参数，如 KOH 溶液的浓度和温度、硅片的尺寸和形状等。凹微透镜设计参数设定如图 8.18 所示。

图 8.17　单元硅凹微透镜俯视图

图 8.18　凹微透镜设计参数设定

2）计算和拟合

在这一步要对输入的凹微透镜轮廓进行计算和拟合，即按照非均匀开孔模型选择适当的凹球面进行组合和轮廓拟合，硅凹微透镜的拟合轮廓俯视图如图 8.19 所示。需要整理拟合轮廓上与期望轮廓基本相符，但仍存在较为明显的凹球面衔接或相交痕迹，进一步进行误差和表面粗糙度估算。

3）误差估算

在这一步要计算评估拟合轮廓与期望轮廓间的误差情况，也就是说按照各采样点的深度值差计算 RMS 值；又要计算拟合轮廓的表面粗糙度，即按照各球面衔接或相交处出现的尖峰状凸起的高度计算 RMS 值，典型计算结果如图 8.20 所示。分析数据可知，数值准确度和轮廓表面粗糙度均在纳米量级，与期望轮廓较好吻合并符合光学镜面的指标要求。

图 8.19　硅凹微透镜的拟合轮廓俯视图　　　图 8.20　误差计算结果

4）数据导出

在得到较为理想的拟合结果后，需要将开孔数据和位置数据导出，供后续加工操作使用。数据导出格式为 CIF，对于每个要导出的微正方形，需要给出坐标和边长数据。本软件系统也提供了显示开孔分布的功能，即给出掩模版图形态，如图 8.21 所示。由微孔分布视图可见，开孔尺寸已完全与深度值对应。分布在中央区域的是边长较大的微孔，尺寸渐次减小的微孔向周围扩散排布，这与非均匀开孔模型的预测相一致。为进一步减小面形误差，又增设了分布在其中的多个尺寸更小的微孔。

5）显示三维仿真图形

所开发的软件系统利用 OpenGL 技术，可理想显示三维图形效果，如图 8.22 所示的凹微透镜及其拟合轮廓，上半部分为期望得到的非球面凹微透镜，下半部分为拟合轮廓，它们的面形结构基本一致，已达到设计指标要求。

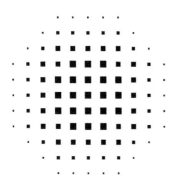

图 8.21　用于非球面凹微透镜制作的掩模版图　　图 8.22　凹微透镜及其拟合轮廓

通过上述步骤，可有效完成对最大凹深为 2.0μm 的硅凹微透镜所进行的面形设计、轮廓结构拟合和参数配置，其他五种规格的凹微透镜阵列的设计过程与此类似。表 8.3 给出了基于软件系统所设计并导出的六种凹微透镜的参数配置，实验条件均限定为：KOH 溶液浓度为 30%、溶液温度为 60℃。

表 8.3　凹微透镜的参数配置

最大凹深/μm	最大开孔尺寸/μm	刻蚀时间/min
1.0	3.18	15.2
1.2	3.53	16.5
1.4	3.77	17.0
1.6	4.60	17.9
1.8	5.16	18.8
2.0	5.44	21.0

2. 硅凹微透镜的工艺制作环节

硅凹微透镜的工艺制作环节主要涉及光掩模版制作、光刻、化学刻蚀和形貌轮廓评估等步骤。将设计完成的 CIF 格式的开孔数据，布设在一块 4in 圆区域内，如图 8.23 所示，图中所标出的数据仅给出最大开孔尺寸。为了保证结构制作的成功率，对具有较小开孔尺寸的文件（仅涉及前三组凹透镜阵列）分别做了两套。一般而言，图中数据文件均需放置在圆的中心区域，以保证获得较好的光刻效果。针对所利用的光刻设备，所加工的掩模版为 5in 边长的正方形，铬版材质，采用电子束直写获得。根据版图数据：首先控制电子束分别对铬版上与相应图形对应的光刻胶位置曝光；其次通过显影去除图形位置的光刻胶；然后通过常规干法或湿法腐蚀去除铬层；最后基于未曝光铬层图案构建成掩模版图。在实验中所使用的掩模版在中国科学院电工研究所制作，版图的图形误差控制在±0.05μm 范围内。

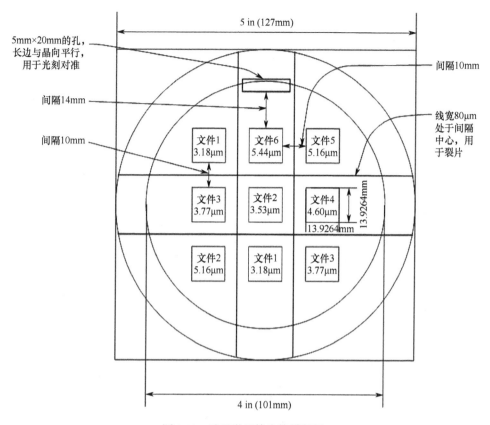

图 8.23 硅凹微透镜光掩模版图

完成光掩模版制作后即可对硅结构执行单步光刻图形转印，达到仅通过一次光刻实施多种复杂形貌轮廓结构的有效加工的目的。从而既体现所发展的技术方法和措施的明显优势与特征，也有效避免多次光刻带来的误差大、费用高、周期长、可制作的形貌结构相对有限、精细图形结构易受环境因素污染等劣势。主要涉及生长 SiO_2 薄膜、光刻、硅结构刻蚀转印等步骤。

1）生长 SiO_2 薄膜

该步骤在中国科学院半导体研究所进行。在 {100} 晶向的硅片表面生长结构稳定可靠的 SiO_2 薄膜作为保护膜，通过适用于较低温度条件的 PECVD 生长法，可以在相对较短的时间内获得稳定性好、强度高的 SiO_2 薄膜。根据所设计的硅凹微透镜阵列的参数指标情况，SiO_2 薄膜厚度被控制在约 200nm 的程度，所用设备为 STS 公司的 Multiplex CVD。主要加工指标：淀积速率大于 150nm/min，均匀性和重复度在±5%内。

2）光刻

主要包括匀胶、曝光、显影、膜固化等操作。

（1）匀胶：将光刻胶均匀涂敷在硅片表面，匀胶后的基片还需要完成预烘处理,目前所设定的预烘时间约30min。

(2) 曝光:通过曝光操作将掩模版上所制作的图形数据转移到光刻胶上。目前仅使用了5in(127mm)光掩模版,硅片尺寸4in(101mm),光刻设备为德国Suss Microtec公司的MA6/BA6双面光刻机。主要技术指标:光源波长435nm和365nm,光源均匀性小于5%,套刻精度小于1mm。

(3) 显影:将曝光后的硅片放入显影液中,完成从掩模版图形到光刻胶图形的转印,目前的显影时间设定为40s。

(4) 膜固化:将显影后的基片放入烘箱中进一步硬化光刻胶图案结构。目前的膜固化温度设定为:120~150℃,时长约30min。

3) 刻蚀

通过刻蚀将光刻胶上的图形结构转印到硅片上,主要包括干法和湿法刻蚀这两个大的类别。干法刻蚀具有垂直刻蚀特性,其选择比高(如仅刻蚀SiO_2薄膜,对硅片无影响)、可控性强,适合制作精细图形结构。湿法刻蚀虽然成本相对低廉,设备要求不高,但存在较为明显甚至严重的侧向刻蚀或钻蚀,以及边角或边棱钝化等问题,不适合加工制作精细图形。

实验中采用ICP干法刻蚀制作样片,所用设备为英国STS公司的Multiplex AOE。主要技术指标:选择比大于4:1,刻蚀速率大于2500Å/min,均匀性和重复度小于±5%,侧壁与底面夹角大于88°。表8.3中第五组硅凹微透镜阵列在经过ICP刻蚀成形后的形貌结构如图8.24所示。经ICP充分刻蚀后,所预设的掩模版图已被完全转印到SiO_2薄膜上,通过进一步去除表面光刻胶后得到SiO_2掩模。

实验中采用KOH湿法刻蚀完成硅微透镜阵列制作。该湿法刻蚀分成两个独立步骤:通过第一步KOH湿法刻蚀,形成倒金字塔形硅微结构,接着利用HF溶液的腐蚀作用去除倒金字塔形硅微结构间的SiO_2掩模,然后继续执行第二步KOH湿法刻蚀,形成所期望的非球面凹微透镜结构。

(1) 第一步KOH湿法刻蚀。第一步KOH湿法刻蚀在中国科学院半导体研究所进行。首先配制浓度约30%的KOH溶液,然后在磁力搅拌器上将其充分搅拌均匀,需时约2h并保持恒温60℃。将需要加工的六组凹微透镜阵列所对应的硅片分别放入KOH溶液中并经充分反应,在各开孔处形成倒金字塔形硅微结构。由于刻蚀反应可自动停止,KOH刻蚀时间可稍长以保证刻蚀操作充分进行。第一步KOH湿法刻蚀时间约为10min,刻蚀结果如图8.25所示,可清晰地观察到倒金字塔形硅微结构(典型倒四面体结构)。

(2) 去除SiO_2掩模。经第一步KOH湿法刻蚀形成的倒金字塔形硅微结构间的SiO_2掩模,利用HF溶液腐蚀去除。由于该步反应剧烈,仅用滴管将HF液滴覆盖在SiO_2掩模上进行局域化的腐蚀反应。待反应结束后用水充分冲洗,同时保证硅片另一侧的SiO_2保护膜不受反应影响。

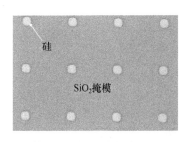

图 8.24　第五组硅凹微透镜阵列在经 ICP 刻蚀成形后的形貌

图 8.25　经第一步 KOH 湿法刻蚀形成的倒金字塔形硅微结构

（3）第二步 KOH 湿法刻蚀。将去除 SiO$_2$ 掩模的硅片再次放入 KOH 溶液中，进行第二步 KOH 湿法刻蚀。可观察到失去 SiO$_2$ 掩模保护的硅片一侧反应剧烈进行，生成大量气泡。KOH 湿法刻蚀时间均按照表 8.3 所列执行。为了保证刻蚀操作准确无误，可多次取出被刻蚀的基片观察反应进行程度。图 8.26 给出了以第五组硅凹微透镜阵列为例进行的针对不同 KOH 刻蚀时段所展现的刻蚀效果。其中图 8.26（a）对应刻蚀时长约 4min，倒金字塔形硅微结构仍然清晰可辨，但底部尖端已钝化。图 8.26（b）对应刻蚀时长约 12min，底部凹弧面已成形且仍在扩展中，倒金字塔形硅微结构的四个倾斜端面正快速消失。图 8.26（c）对应刻蚀时长约 19min，底部矩形边棱所界定的凹弧面已形成，倒金字塔形硅微结构的四个倾斜端面已完全消失，凹微透镜结构已成功构建。由图 8.26（c）可见，所制作的凹微透镜阵列排列整齐、结构尺寸均匀一致并呈现极高填充系数。

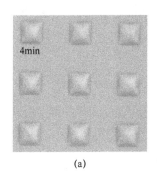 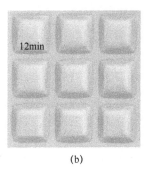 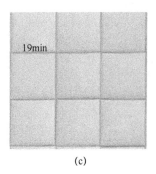

(a)　　　　　　　　　(b)　　　　　　　　　(c)

图 8.26　刻蚀用时不同的第二步 KOH 刻蚀效果

对所制作的硅凹微透镜阵列分别进行表面形貌、结构参数和光学性能测试。采用荷兰 FEI 公司的场发射扫描电镜（Sirion 200）检测硅凹微透镜阵列的表面形貌轮廓。该设备的主要技术参数：放大倍数40～40万倍，加速电压200V～30kV，倾斜角度-10°～45°，OIM/EBSP分辨率1300×1024像素，灰度4096，测试结果如图8.27所示。所制作的六组硅凹微透镜阵列均排列整齐，形貌轮廓均匀完整，填充系数依次为80%、90%、92%、95%、96%和99%。

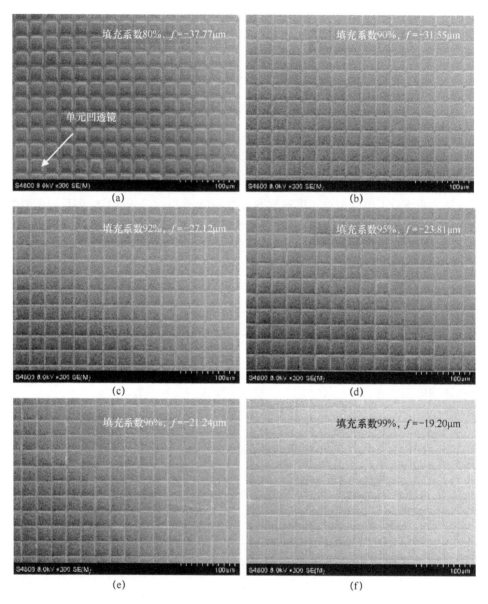

图8.27 六组硅凹微透镜阵列的SEM测试图片

为了定量分析所制作的硅凹微透镜阵列的轮廓形态是否满足设计指标要求，

使用台阶仪分别对各硅凹微透镜阵列的凹深测量评估结果如图 8.28 所示。图 8.28（a）～（c）分别对应所设计的第一、第三和第六组硅凹微透镜阵列。由测试曲线可见，所测试的凹深略微呈现差别。其可能原因：一方面由于测试时硅片未平整放置；另一方面由于测试探针的行进轨迹与器件阵列不平行造成。由 SEM 测试可知，各硅凹微透镜阵列的凹深均匀一致。

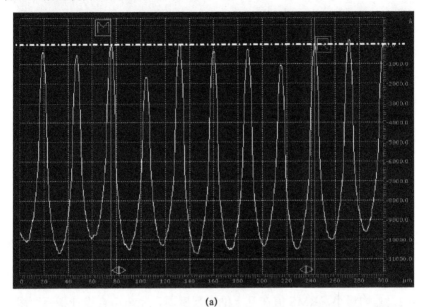

(a)

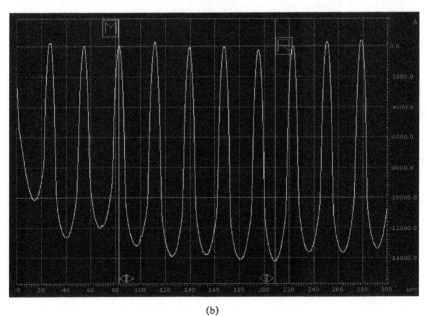

(b)

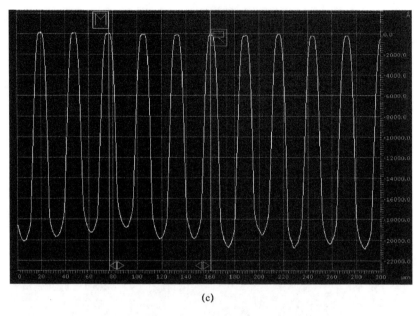

(c)

图 8.28　硅凹微透镜阵列的凹深测量评估结果

为了评估所制作的硅凹微透镜阵列其各单元结构的深度均匀性，对测试数据进一步做了统计分析。分别对图 8.28 所示的各组硅凹微透镜阵列的平均深度和 RMS 值所做的统计评估情况如表 8.4 所列。由表 8.4 所列数据可见，实测值和期望值间的误差均极小，RMS 值在几十纳米尺度内，完全符合设计指标要求。

表 8.4　硅凹微透镜阵列的结构参数统计分析数据

期望值/μm	实测平均值/μm	RMS 值/nm
1.0	1.017	39
1.4	1.154	50
2.0	2.052	37

光学性能测试主要包括可见光近红外谱域的光束反射聚焦效能测试、红外透射散光测试和红外波前测试。可见，光近红外光束反射聚焦测试情况如下：在显微镜下用强度较高的可见光近红外光束照射硅凹微透镜阵列表面，通过调整物镜分别对硅凹微透镜的凹底和阵列化平坦表面聚焦，测试结果分别如图 8.29 和图 8.30 所示。由测试图片可见，当显微物镜聚焦在硅凹微透镜的凹底处时，基于各元硅微透镜的平坦凹底的光反射所形成的圆斑阵列像场规则均匀；当显微物镜聚焦在各元硅凹微透镜间的平坦硅区域时，十字锥形反射光斑所形成的阵列化像场同样规则均匀。因此，所制作的硅凹微透镜阵列显示了良好的光反射聚焦效能。

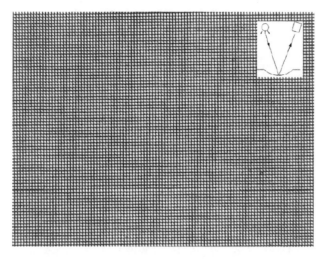

图 8.29　显微镜下观察到的硅凹透镜阵列其平坦凹底的光反射聚焦图

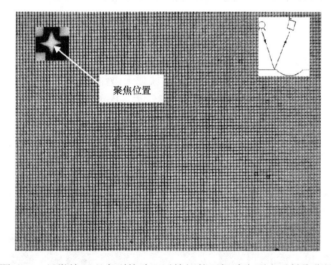

图 8.30　显微镜下观察到的硅凹透镜间的平坦硅表面光反射聚焦图

红外透射散光测试情况如下：采用美国 Newport 公司的 IR-564/301 黑体作为红外光源。其参数指标：温度范围为 50~1050℃，精度在±0.2℃内，稳定性在±0.02%内，升温时间（达到 1050℃）70min。在测试过程中的黑体设定温度为 1000℃。所采用的红外摄像头参数为：波段 8~12μm，焦距 40mm，F#1.2，视场 13.69°×9.29°，MTF 大于 0.4，畸变小于 8%，探测器为微测辐射热计，探测器材料为多晶硅，热响应时间 4ms，像元尺寸 45μm，探测器响应波段为 3~16μm，填充系数大于 80%，像元采样频率 7.375MHz，非均匀性小于±1%，灵敏度 0.08℃@25℃，测试结果如图 8.31 所示。图中的中心较亮圆斑为黑体照射无图案结构硅片所形成的图像，硅凹微透镜阵列则布设在较亮图像右侧，由于凹微透镜的光发散而呈暗场形态。

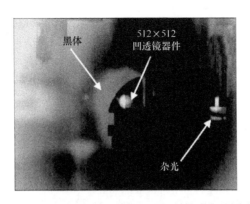

图 8.31 硅凹微透镜阵列的红外透射散光测试图片

红外波前测试情况如下：测试光路和主要装置如图 8.32 所示，黑体温度设定为 1000℃，所采用的 Thorlabs 公司的 WFS150/WFS150C 波前探测器的参数指标为：波长 200～1100nm，光圈 5.95mm×4.76mm，相机分辨率 1280×1024 像素，透镜间距 150μm，镜头孔径 146μm，像素尺寸 4.65μm×4.65μm，波前灵敏度 $\lambda/15$，波前动态范围大于 100λ，曲率大于 7.4mm，黑体和波前探测器间距为 47cm。对 6 组硅凹微透镜阵列中的第一组所进行的测试结果如图 8.33 所示。图 8.33（a）～（c）为未使用硅器件时的测试结果，图 8.33（d）～（f）为加载无微结构硅片时的测试结果，图 8.33（g）～（i）为加载硅凹微透镜阵列时的测试结果。图 8.33（a）、（d）、（g）为点列图，图 8.33（b）、（e）、（h）为点列能态图，图 8.33（e）、（f）、（i）为测试波前。

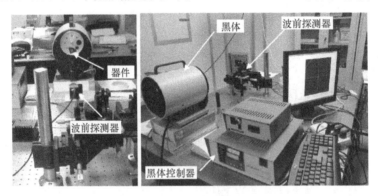

图 8.32 红外波前测试光路和主要装置

由图 8.33 可见，无硅片时的出射光斑耀眼明亮，与平面波对应；当加载无微结构的硅片时，光斑亮度降低，由于所放置的硅片稍有倾斜，可用平面波对应的波前呈现一定倾角；当加载硅凹微透镜阵列后，光斑亮度大幅降低。由于波前探测器仅能收集到由凹微透镜阵列散光后的局部像场图像，所测试的波前更加倾斜。

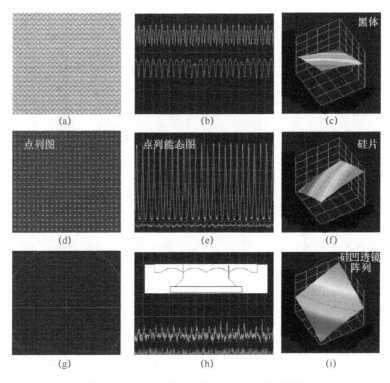

图 8.33　硅凹透镜阵列的红外波前测试结果

8.6　复杂波前的折射出射结构

复杂波前折射出射结构，指在硅片表面形成具有复杂连续轮廓的面形结构，通过其光线弯曲作用出射复杂光学波前。利用该结构在红外谱域可灵活出射多种复杂波前，可为光电成像探测、波前变换以及光束整形等技术发展提供基础支撑。本节主要涉及通过硅基 KOH 各向异性刻蚀法，加工制作多种可出射复杂波前的连续轮廓折射结构问题。首先通过在 Matlab 上生成复杂的三维形貌轮廓图形，获得解析关系，进而输入软件系统，获得用于工艺制作的掩模版图。主要包括两个核心环节：一是进行 Matlab 仿真；二是利用软件系统生成掩模版图。

针对设计复杂轮廓形貌的连续折射图形，首先在 Matlab 上进行轮廓仿真，得到解析关系式。仿真采用正弦函数、余弦函数、幂次方等叠加方式，得到较为复杂的轮廓形貌，图 8.34 所示为九种典型解析关系分别对应的 Matlab 仿真图形。一般而言，用 Matlab 仿真的图形轮廓在定义域和值域上有较大区别。为了得到较好的效果，定义域均被约束在 0～2mm 内，值域约束为 0～10μm。图 8.35 给出了与图 8.34 所对应的九种仿真图形的掩模版图，其中的深颜色微区对应开孔大而密即较深轮廓位置，颜色浅处对应开孔小而疏即浅轮廓位置。

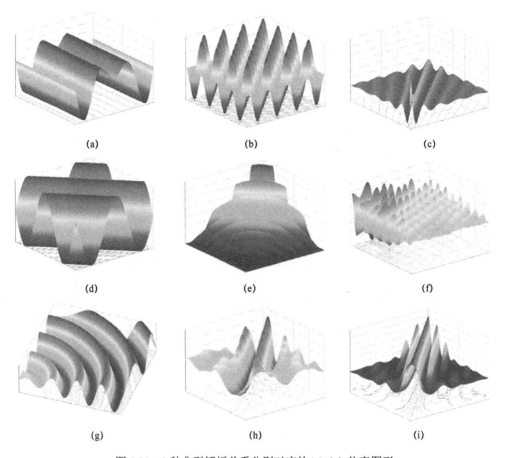

图 8.34 9 种典型解析关系分别对应的 Matlab 仿真图形

（a）$z = x\sin(4\pi x)$； （b）$z = \sin(4\pi x)\sin(4\pi y)$； （c）$z = \dfrac{\sin^2(3\pi\sqrt{x^2+y^2})}{9\pi^2\sqrt{x^2+y^2}}$； （d）$z = \sin(x+y)$；
（e）$z = xy\sin^2(4\pi\sqrt{x^2+y^2})$； （f）$z = \cos(4\pi\sqrt{x^2+y^2})\cos(8\pi\sqrt{x^2+y^2})$； （g）$z = \sin(4\pi\sqrt{x^2+y^2})\tanh(\sqrt{x^2+y^2})$；
（h）$z = -\sin(4\pi\sqrt{x^2+y^2})\cos(4\pi\sqrt{x^2+y^2})$； （i）$z = \sin^2(4\pi\sqrt{x^2+y^2})\cos^2(4\pi\sqrt{x^2+y^2})$。

加工制作相应的硅结构同样包括掩模版制作、光刻、KOH 湿法刻蚀等步骤。

（1）掩模版制作。由于所需构建的图形轮廓较为精细，最小开孔仅约 0.7μm，最大开孔在十几微米程度，掩模版加工在无锡华润微电子有限公司进行，同样为 5in 规格，所需加工的图形分布在 4in 的中心区域内。

（2）光刻。采用厚约 300μm 的双面抛光硅片，由于预计的 KOH 刻蚀时间较长，需要生长厚约 500nm 的 SiO_2 膜薄。

（3）KOH 湿法刻蚀。由于存在较大尺寸开孔，第一步 KOH 湿法刻蚀大约需要 20min 时长，第二步 KOH 刻蚀时间约 30 min，KOH 溶液浓度约 30%，溶液温度约 60℃，最终获得的硅折射结构的局部光学显微照片如图 8.36 所示。

硅折射结构的表面轮廓形貌与仿真图形基本一致，其表面光洁完整，呈现极小的表面粗糙度。在测试评估环节中，利用扫描电镜检测硅折射结构的表面形貌轮廓，利用台阶仪测试特征区域的轮廓参数情况，利用所搭建的测试光路进行光学性能测试评估，所用实验仪器与8.5节相同。图8.36（a）～（i）分别对应图8.34和图8.35中的相应子图。

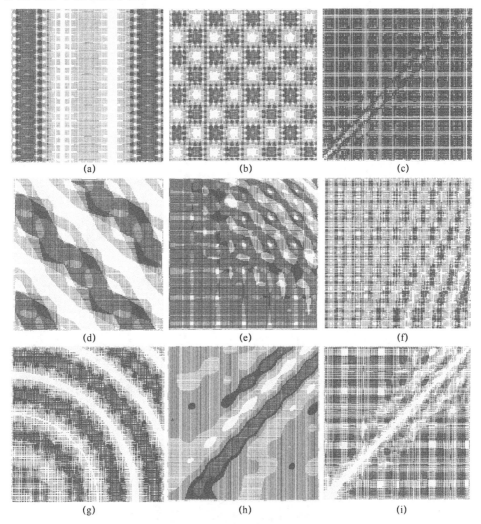

图8.35　9种仿真图形的掩模版图

由于所制作的硅折射结构的外形尺寸仅为2mm×2mm，通过扫描电镜只能观察很小的局部区域图形结构。对具有连续性形貌结构的折射轮廓图形而言，可观察到的表面形貌变化或起伏，在较小观察区域内并不明显，典型测试结果如图8.37所示。由图8.37可见，尽管仍然出现了由白色虚线标注的相邻凹球面相互衔接或相交处的残余微小凸起，但结构整体仍然光滑完整，能满足光学镜面的指标要求。

使用 Dektak-IIA 台阶仪所进行的硅折射波前结构（$z = \cos(4\pi\sqrt{x^2+y^2})\cos(8\pi\sqrt{x^2+y^2})$ 表征）的局部轮廓测试如图 8.38 所示，显示了极好的面形连续性和极小的表面粗糙度。所进行的红外透射散光测试和红外波前测试情况如图 8.39 和图 8.40 所示，同样显示了较好的本征红外散光属性和波束形貌特征。

图 8.36　硅折射结构的局部光学显微照片

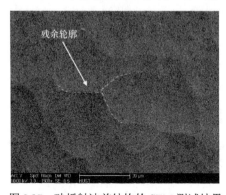

图 8.37　硅折射波前结构的 SEM 测试结果

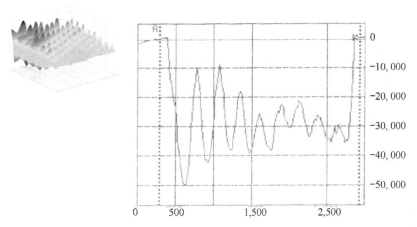

图 8.38 硅折射波前结构（用 $z = \cos(4\pi\sqrt{x^2+y^2})\cos(8\pi\sqrt{x^2+y^2})$ 表征）的局部测试轮廓

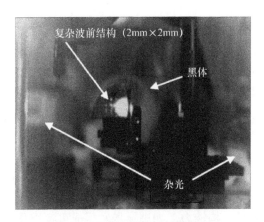

图 8.39 红外透射特性测试图片

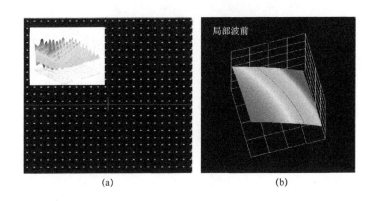

(a)　　　　　　　　　　(b)

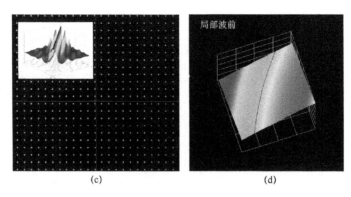

图 8.40 获得的局部红外波前测试图片

8.7 小结

本章首先分析了特定晶向硅材料在 KOH 溶液中的各向异性刻蚀属性，然后讨论了硅湿法刻蚀在不同 KOH 溶液浓度下的腐蚀速率问题，确定了常规实验条件下的关键性控制性参数：KOH 溶液浓度应控制在约 30%，溶液温度应控制在约 60℃。针对制作连续轮廓的非球面微光学弧面结构，分别建立均匀开孔模型和基于贪心算法理念的非均匀开孔模型，给出了表面粗糙度计算方法，设计了一套界面友好的设计软件系统，可在仿真过程中基于 OpenGL 技术将拟合结果直观反馈给用户。基于所发展的软件系统，设计和制作了六组硅凹微透镜阵列的掩模版图并获得原理样片。表面形貌和常规光学测试显示，所制作的硅凹微透镜阵列具有与设计考虑基本一致的形貌和参数指标，反映了软件系统的有效性和高的参数设计精度。通过设计和制作用于复杂波前出射的折射波前结构，进一步表明软件系统具有处理复杂轮廓面形的光学结构能力。为进一步发展成可实用化的设计方法和制作技术奠定了坚实的基础。

参考文献

[1] 金国藩, 严瑛白, 邬敏贤. 二元光学[M]. 北京国防工业出版社, 1998.

[2] Kirkpatrick S, Gelatt C D, Vecchi M P. Optimization by simulated annealing[J]. Science, 1983, 220: 671-680.

[3] Liu Y, Kessler T J, Lawrence G N. Design of continuous surface-relief phase plates by surface-based simulated annealing to achieve control of focal-plane irradiance[J]. Opt. Lett., 1996, 21(20):1703-1705.

[4] Bennett A P, Shapiro J L. Analysis of genetic algorithms using statistical mechanics[J]. Phys Rev Lett., 1994, 72(9): 1305-1308.

[5] Raguin D H. Morris G M. Analysis of antireflection-structured surfaces with continuous one-dime nsional surface profiles[J]. Appl. Opt., 1993, 32: 2582-2598.

[6] Motamedi M E. MOEMS: Micro-optic-electro-mechanical systems[J]. Opt.Eng., 1994, 33(11): 3503-3517.

[7] Liu J S, Taghizadeh M R. Iterative algorithm for the design of diffractive phase elements for laser beam shaping[J]. Opt. Lett., 2002, 27(16): 1463-1465.

[8] Hiro Ogata, Masami Tada, Masahiro Yoneda. Electron-beam writing system and its application on large and high-density diffractive optic elements[J]. Appl. Opt., 1994, 33(10): 2032-2038.

[9] Melngalis J. Focused ion beam technology and applications[J]. J. Vac. Sci. Technol. B, 1987, 5(2): 469-495.

[10] Daschner Walter, Long Pin, Larsson Michael, et al. Fabrication of diffractive optical elements using a single optical exposure with a gray level mask[J]. J. Vac. Sci. Technol. B, 1995, 13(6): 2729-2731.

[11] Becker E W, Ehrfeld W, Hagmann P, et al. Fabrication of microstructures with high aspect ratios and great structural heights by synchrotron radiation lithography, galvanoforming, and plastic moulding(LIGA process) [J]. Microelectronic Engineering, 1986, 4: 35-56.

[12] Kendall D L, Eaton W P, Manginell R, et al. Micromirror arrays using KOH：H_2O micromachining of silicon for lens templates, geodesic lenses, and other applications[J]. Opt. Eng., 1994, 33(11): 3578-3588.

[13] de Lima Monteiro D W, Akhzar-Mehr O, Sarro P M, et al. Single-mask microfabrication of a spherical optics using KOH anisotropic etching of Si[J]. Opt. Express, 2003, 11(18): 2244-2252.

[14] Bourouina T, Masuzawa T, Fujita H. The MEMSNAS process: Microloading effect for micromachining 3-D structures of nearly all shapes[J]. J.Microelectromechanical Systems, 2004, 13(2): 190-199.

[15] Lane R G, Tallon M. Wave-front reconstruction using a Shack-Hartmann sensor[J]. Appl. Opt., 1992,31(32): 6902-6908.

[16] Jinsong Liu, Martin Thomson, Andrew J. Waddie, et al. Design of diffractive optical elements for high-power laser applications[J]. Opt. Eng., 2004, 43(11): 2541-2548.

[17] Bengtsson J. Kinoforms designed to produce different fan-out patterns for two wavelengths[J]. Appl. Opt., 1998, 37(11): 2011-2020.

[18] Cao Q, Jahns J. Focusing analysis of the pinhole photon sieve: individual far-field model[J]. J Opt. Soc. Am, 2002, 19(12): 2387-2393.

[19] Brady G R, Fienup J R. Nonlinear optimization algorithm for retrieving the full complex pupil function[J]. Opt. Express, 2006, (14): 474-486.

[20] Allen L J, Oxley M P. Phase retrieval from series of images obtained by defocus variation[J]. Optics Communications, 2001, 199: 65-75.

[21] James Lloyd, Kanglin Wang. Characterization of apparent superluminal effects in the focus of an axicon lens using terahertz time-domain spectroscopy[J]. Optics Communications, 2003, 219: 289-294.

[22] Shinichi Watanabe, Ryo Shimano. Compact terahertz time domain spectroscopy system with diffraction-limited spatial resolution[J]. Review of Scientific Instruments, 2007, 78: 103906.

[23] Christian Wiegand, Michael Herrmann. A pulsed THz Imaging System with a line focus and a balanced 1-D detection scheme with two industrial CCD line-scan cameras[J]. Opt. Express, 2010, 18(6): 5595-5601.

[24] Awad M W, Cheville R A. Transmission terahertz waveguide-based imaging below the diffraction limit[J]. Appl. Phys. Lett., 2005, 86: 221107.

[25] Bakopoulos P, Karanasiou I. A tunable continuous wave (CW) and short-pulse optical source for THz brain imaging applications[J]. Measutement Science and Technology, 2009, 20:104001.

[26] Yukio Kawano. Highly sensitive detector for on-chip near-field THz imaging[J]. IEEE Jorurnal of Selected Topics in Quantum Electronics, 2011, 17(1): 67-78.

[27] Toshiaki Hattori, Keisuke Ohta. Phase-sensitive high-speed THz imaging[J]. Journal of Physics: Applied Physics, 2004, 37: 770-773.

[28] Qiang Wu, Christopher A. Werley. Quantitative phase contrast imaging of THz electric fields in a dielectric waveguide[J]. Opt. Express, 2009, 17(11): 9219-9225.

[29] Kozlov S A, Lvanov D V. Diffraction of a terahertz single-period train of the field at a slit[J]. J. Opt. Technol, 2010, 77(11):734-737.

[30] Shi Yulei, Zhou Qingli, Zhang Cunlin. Diffraction of terahertz waves after passing through a Fresnel lens[J]. Chinese Physics B, 2009, 18(12):5511-5517.

[31] Prabath Hewageegana, Vanym Apalkov. Theoretical study of terahertz quantum well photodetectors Effect of metallic diffraction coating[J]. Infrared Physics & Technology, 2008, 51: 550-554.

[32] Neu J, Krolla B. Metamaterial-based gradient index lens with strong focusing in the THz frequency range[J]. Opt. Express, 2010, 18(16): 27748-27757.

[33] Andreas Bitzer, Markus Walther. Examination of the spatial and temporal field distributions of single-cycle terahertz pulses at a beam focus[J]. Appl. Phys. Lett., 2007, 90: 071112.

[34] Wei-Yin Chien, Thomas Szkopek. Subwavelength focusing of terahertz far-infrared radiation via phonon-polariton resonance in polar salt antenna structures[J]. J. Appl. Phys, 2009, 106: 044310.

[35] Ciro D'Amico, Marc Tondusson. Tuning and focusing THz pulses by shaping the pump laser beam profile in a nonlinear crystal[J]. Opt. Express, 2009, 17(2): 592-597.

[36] Jinho Lee, Kwangchil Lee. Tunable subwavelength focusing with dispersion engineered metamaterials in the terahertz regime[J]. Opt. Lett., 2010, 35(13): 2254-2256.

[37] Benedikt Scherger, Martin Koch. Variable-focus terahertz lens[J]. Opt. Express, 2011, 19(5): 4528-4535.

[38] Walsby E D. Multilevel silicon diffractive optics for terahertz waves[J]. J.Vac.Sci. Technol. B, 2002, 20(6):2780-2783.

[39] Andreas Bitzer, Hanspeter Helm. Beam-profiling and wavefront-sensing of THz pulses at the focus of a substrate-Lens[J]. IEEE Jorurnal of Selected Topics in Quantum Electronics, 2008, 14(2): 476-481.

[40] Born M, Wolf E. 光学原理[M]. 北京:电子工业出版社, 2005.

[41] Don Kendall, William P Eaton. Micromirror arrays using KOH: H_2O micromachining of silicon for lens templates, geodesic lenses, and other applications[J]. Opt. Eng., 1994, 33(11): 3578-1588.

[42] Tarik Bourouina, Takahisa Masuzawa, Hiroyuki Fujita. The MEMSNAS process microloading effect for micromachining 3-D structures of nearly all shapes[J]. J. Microelectromechanical Systems, 2004, 13(2): 190-199.